国家“双一流”一流学科
辽宁大学应用经济学系列丛书
青年学者系列
总主编◎林木西

中国食用油安全规制研究

The Study of China's Edible Oil Safety Regulation

李忠远 著

中国财经出版传媒集团
经济科学出版社
Economic Science Press

图书在版编目（CIP）数据

中国食用油安全规制研究/李忠远著. —北京：经济科学出版社，2017.7

（辽宁大学应用经济学系列丛书. 青年学者系列）

ISBN 978 -7 -5141 -8151 -7

Ⅰ. ①中… Ⅱ. ①李… Ⅲ. ①食用油 - 食品安全 - 规章制度 - 研究 - 中国 Ⅳ. ①TS227

中国版本图书馆 CIP 数据核字（2017）第 144183 号

责任编辑：于海汛 段小青
责任校对：杨晓莹
责任印制：潘泽新

中国食用油安全规制研究

李忠远 著

经济科学出版社出版、发行 新华书店经销

社址：北京市海淀区阜成路甲 28 号 邮编：100142

总编部电话：010 -88191217 发行部电话：010 -88191522

网址：www. esp. com. cn

电子邮件：esp@ esp. com. cn

天猫网店：经济科学出版社旗舰店

网址：http：//jjkxcbs. tmall. com

固安华明印业有限公司印装

710 × 1000 16 开 14. 25 印张 200000 字

2017 年 11 月第 1 版 2017 年 11 月第 1 次印刷

ISBN 978 -7 -5141 -8151 -7 定价：43. 00 元

（图书出现印装问题，本社负责调换。电话：010 -88191510）

总　序

本丛书为国家“双一流”一流学科辽宁大学“应用经济学”系列丛书，也是我主编的第三套系列丛书。前两套丛书出版后，总体看效果还可以：第一套是《国民经济学系列丛书》（2005 年至今已出版 13 部），2011 年被列入“十二五”国家重点图书出版物；第二套是《东北老工业基地全面振兴系列丛书》（共 10 部），在列入“十二五”国家重点图书出版物的同时，还被确定为 2011 年“十二五”规划 400 种精品项目（社科与人文科学 155 种），围绕这两套系列丛书还取得了一系列成果，获得了一些奖项。

主编系列丛书从某种意义上说是“打造概念”。比如说第一套系列丛书也是全国第一套国民经济学系列丛书，主要为辽宁大学国民经济学国家重点学科“树立形象”；第二套则是在辽宁大学连续获得国家社科基金“八五”“九五”“十五”“十一五”重大（点）项目，围绕东北（辽宁）老工业基地调整改造和全面振兴进行系统研究和滚动研究的基础上持续进行探索的结果，从而为促进我校区域经济学建设、服务地方经济不断做出新贡献。在这过程中，既出成果也带队伍、建平台、组团队，遂使我校应用经济学学科建设不断地跃上新台阶。

主编第三套丛书旨在使辽宁大学的应用经济学一级学科建设有一个更大的发展。辽宁大学应用经济学学科的历史说长不长、说短不短。早在 1958 年建校伊始，便设经济系、财政系、计统系等 9 个系，其中经济系由原东北财经学院的工业经济、农业经济、贸易经济三系合成，财税系和计统系即原东北财经学院的财信系、计统系。后来院系调整，将经济系留在沈阳的辽宁大学，将财政系、计统系迁到大连组建辽宁财经学院（即现东北财经大学前身），对工业经济、农业经济、贸易经济三个专业的学生培养到毕业为止。由此形成了辽宁大学重点发展理论经济学（主要是政治经济学）、辽宁财经学院重点发展应用经济学的大体格局。实际上，后来辽宁大学也发展应用经济学，东北财经大学也发展理论经济学，发展得都不错。1978 年，辽宁大学恢复招收工业经济本科生，1980 年受人民银行总行委托、经教育部批准招收国际金融本科生，1984 年辽宁大学在全国第一批成立经济管理学院，增设计划统计、会计、保险、投资经济、国际贸易等本科专业。到 20 世纪 90 年代中期，已有西方经济学、世界经济、国民经济管理、国际金融、工业经济 5 个二级学科博士点，当时在全国同类院校似不多见。1998 年建立国家重点教学基地“辽宁大学国家经济学基础人才培养基地”，同年获批建设第二批教育部人文社科重点研究基地“辽宁大学比较经济体制研究中心”（2010 年改为“转型国家经济政治研究中心”）。2000 年，辽宁大学在理论经济学一级学科博士点评审中名列全国第一；2003 年，辽宁大学在应用经济学一级学科博士点评审中并列全国第一；2010 年，新增金融、应用统计、税务、国际商务、保险等全国首批应用经济学类专业学位硕士点；2011 年，获全国第一批统计学一级学科博士点，从而成为经济学、统计学一级学科博士点“大满贯”。

在二级学科重点学科建设方面，1984 年，外国经济思想史即后来的西方经济学、政治经济学被评为省级重点学科；1995 年，西方经济学被评为省级重点学科，国民经济管理被确定为省级重点扶持学科；1997 年，西方经济学、国际经济学、国民经济管理被评为省级重点学科和重点扶持学科；2002 年、2007 年国民经济学、世界经济连续两届被评为国家重点学科；2007 年，金融学被评为国家重点学科。

在一级学科重点学科建设方面，2017 年 9 月，被教育部、财政部、国家发展改革委确定为“双一流”建设学科。辽宁大学确定的世界一流学科为“应用经济学”，其建设口径范围为“经济学学科群”，所对应的一级学科为应用经济学和理论经济学，遂成为东北地区唯一一个经济学科“双一流”建设学科。这是我校继 1997 年成为“211”工程重点建设高校 20 年之后，学科建设的又一次重大跨越，也是辽宁大学经济学科三代人共同努力的结果。此前，应用经济学、理论经济学于 2008 年被评为第一批一级学科省级重点学科，2009 年被确定为辽宁省“提升高等学校核心竞争力特色学科建设工程”高水平重点学科，2014 年被确定为辽宁省一流特色学科第一层次学科，2016 年被辽宁省人民政府确定为省一流学科。

在“211 工程”建设方面，应用经济学一级学科在“九五”立项的重点学科建设项目是“国民经济学与城市发展”“世界经济与金融”；“十五”立项的重点学科建设项目是“辽宁城市经济”；“211 工程”三期立项的重点学科建设项目是“东北老工业基地全面振兴”“金融可持续协调发展理论与政策”，基本上是围绕国家重点学科和省级重点学科而展开的。

经过多年的学科积淀与发展，辽宁大学应用经济学、理论经济学、统计学“三箭齐发”，国民经济学、金融学、世界经济三个国家重点学科“率先突破”，由长江学者特聘教授、“万人计划”领军人才、全国高校首届国家级教学名师领衔，中青年学术骨干梯次跟进，形成了一大批高水平的学术成果，培养出一批又一批优秀人才，多次获得国家级科研、教学奖励，在服务东北老工业基地全面振兴等方面做出了积极的贡献。

这套《辽宁大学应用经济学系列丛书》的编写，主要有三个目的：

一是促进“经济学学科群”一流学科全面发展。以往辽宁大学主要依托国民经济学、世界经济和金融学三个国家重点学科和省级重点学科进行建设，取得了重要进展。这个“特色发展”的总体思路无疑是正确的。进入“十三五”时期，根据“双一流”一流学科建设的需要，本学科确定了区域经济学、产业经济学与东北振兴，世界经济、国际贸易学与东北亚合作，国民经济学与地方政府创新，金融学、财政学与区域发展，政治经济学与理论创新等五个学科方向。到 2020 年，努力将本学科建成为立足于东北经济社会发展，为东北振兴和东北亚合作做出应有贡献的一流学科。因此，本套丛书旨在为实现这一目标提供更大的平台支持。

二是加快培养中青年骨干教师茁壮成长。目前，本学科已建成长学者特聘教授、“万人计划”领军人才、全国高校首届国家级教学名师领衔，教育部新世纪优秀人才、教育部教指委委员、省级教学名师、校级中青年骨干教师为中坚，以老带新、新老交替的学术梯队。本丛书设学术、青年学者、教材三个子系列，重点出版中青年教师的学术著作，带动他们尽快脱颖而出，力争早日担纲学科建设。与此同时，还设立了教材系列，促进教学与科研齐头并进。

三是在经济新常态、新一轮东北老工业基地全面振兴中做出更大贡献。对新形势、新任务、新考验，提供更多具有原创性的科研成果，具有较大影响的教学改革成果，具有更高决策咨询价值的“智库”成果。

这套系列丛书的出版，得到了辽宁大学党委书记周浩波教授、校长潘一山教授和经济科学出版社党委书记、社长吕萍总编辑的支持。在丛书出版之际，谨向所有关心支持辽宁大学应用经济学建设和发展的各界朋友，向辛勤付出的学科团队成员表示衷心感谢！

林木西

2017 年国庆节于蕙星楼

前　言

食用油是人们日常生活的必需品，据测算，我国食用油年人均消费量已经从20世纪90年代初的不足6公斤猛增至22.5公斤，消费量迅猛增加。近年来，食用油安全问题日益突出，“地沟油”事件、食用油中毒及掺假事件引起人们的高度关注。食用油与其他食品相比有其独特性，食用油在食用过程中一般不是单独存在的，而是广泛存在于各种食品之中，食用油安全一旦出现问题，食品安全必然无法得到保障。另外，食用油产业链很长，从油料作物的种植、存储、运输、食用油的生产加工、存储、运输、批发、零售、食用油的消费一系列环节涉及的市场主体众多，利益诉求各不相同，每一环节都存在着潜在的不安全因素。为了消除潜在威胁，营造安全、可以信赖的食用油市场环境，本研究突出全程规制理念，重点运用信息不对称、外部性、规制俘虏、风险累加性等经济学理论，采用微观与宏观相结合的原则、运用博弈分析等方法，对食用油安全规制市场失灵的几个问题进行分析，对建立和完善中国食用油安全规制体制和体系提出对策。本书共分七章：

第一章　绪论。介绍食用油安全规制的研究背景与意义，通过对国内外食用油安全规制理论与实践文献的梳理，确定文章的研究方法、逻辑结构和基本内容，并提出文章的创新点。

第二章　食用油安全规制的理论分析。系统阐述外部性理论、信息不对称理论、政府俘虏理论等基础理论和安全风险累加性理论、后经验产品属性理论、公共产品理论等食用油安全相关理论，并对食用油安全对相关主体的影响进行了分析。

第三章　食用油安全规制的博弈分析。首先对食用油安全规制主体之间的关系进行说明，指出影响食用油安全规制绩效的因素；着重提出社会中间组织这个容易被人们忽视的规制主体，强调除了国家力量、市场力量之外，社会力量在规制中的重要作用。在此基础上构建了食用油安全规制博弈模型，从国家、市场、社会三方力量对食用油安全规制博弈进行了全方位分析。

第四章　中国食用油安全规制现状及主要问题。对食用油安全规制发展的历史沿革进行了梳理，并对食用油安全现状进行了分析，指出存在的主要问题及原因，为提出完善我国食用油安全规制的对策措施打好基础。

第五章　食用油安全规制的国际经验与启示。采用比较制度分析方法，既对美国、日本为代表的多部门食用油安全规制的特点进行了分析，又对欧盟为代表的单一机构规制模式进行了研究，同时也对我国食用油主要进口国家——巴西的食用油安全规制情况进行了探讨，从中得到启示，为完善我国食用油安全规制的体制与体系提供借鉴。

第六章　完善中国食用油安全规制的对策分析。探索食用油安全规制体制创新的可行性，树立食用油安全全程规制理念，在健全和完善我国食用油安全相关法律法规和标准、加强食用油安全规制环境建设、加强社会中间组织建设等方面提出了对策措施。

第七章　中国食用油安全全程规制体系的构建。在第六章完善中国食用油安全规制对策措施的基础上，以全程规制理念为先导，着力构建我国食用油安全规制的四大标准体系。

本研究的创新点：一是提出了食用油安全全程规制理念，突出了在目前我国实行多部门分段监管的食用油安全规制模式下实现各部门监管协同配合的重要性，由此引入了食用油供应链概念，在理论上构建了一个基于供应链的食用油安全规制分析框架；二是通过引入社会中间组织，构建了一个多主体博弈模型。

目　录

第一章

绪　论

第一节　研究背景与研究意义

中国有句话叫："自古开门七件事，柴米油盐酱醋茶"，油在七件事中排第三，仅次于粮食，从消费终端来说，关系到百姓一日三餐的饮食健康。从食用油产业来看，关系到农业、林业、土地安全和生态环境的问题，所以可以毫不夸张地说食用油是关系到国计民生和国家安全的大事。"民以食为天"，随着经济的快速发展和人们生活水平的不断提高，中国食用油消费呈稳步上升的趋势。据测算，中国食用油年人均消费量已经从20世纪90年代初的不足6公斤猛增至22.5公斤。[①] 目前，中国已经成为世界上最大的油料生产国、最大的食用油生产国、最大的食用油进口国和最大的食用油消费国。与此同时，我国的食用油安全问题日益突出，食用油中毒、食用油掺假、地沟油事件频发，已经成为不能回避的现实问题，此外我国的食用油及油料严重依赖进口，食用油自给率仅为38.5%，[②] 也必须引起我们的高度重视，保障食用油安全业已

---

① 王瑞元：《发展微生物油脂前景广阔》，载《粮食与食品工业》2014年第4期。

② 王瑞元：《我国油脂加工业的发展趋势》，载《粮油加工》2014年第11期。

成为一项重大而基础的时代命题。

一、单独提出食用油安全规制研究的必要性

在许多学者业已进行食品安全规制研究的大背景下进行食用油安全规制研究，其必要性主要有以下三点：

（一）食用油与普通食品相比既有共性又有独特性

按照2015年新修订的《中华人民共和国食品安全法》第一百五十条对食品的定义，食品指各种供人食用或者饮用的成品和原料以及按照传统既是食品又是中药材的物品，但是不包括以治疗为目的的物品。而食用油也称食油，是指在制作食品过程中使用的动物或者植物油。通常把常温下是液体的称作油，而把常温下是固体的称作脂肪。动物油通常是指猪油，其次是牛油、羊油、鸡油等。植物油一般包括大豆油、花生油、菜籽油、棉籽油、芝麻油、棕榈油、米糠油、玉米胚芽油、橄榄油、芝麻油、核桃油，等等，种类十分繁多。目前全球食用油消费主要以植物油为主。进一步地，根据中华人民共和国国家标准批准发布公告（2003年第6号），将油脂产品分为原油和成品油。原油又称毛油，指的是没有经过精炼加工处理的油脂，由于具有一定的毒性，不能直接食用，主要作为生产成品油的原材料。成品油指的则是经过食用油加工厂的精炼加工程序，已经达到国家或行业标准，可以直接食用的油脂产品。[①] 食用油和普通食品的共性在于都是满足人们生存需要的可以食用的物质，特殊性在于食用油在食用过程中一般不是单独存在的，而是广泛存在于各种食品之中，可以说一旦食用油安全出现了问题，食品安全必然无法得到保障，从这个意义上讲，深入研究食用油安全规制具有合理的必要性。

---

① 尹建洪、罗立新：《食用油安全问题分析及对策》，载《第二届中国食品安全高峰论坛论文集》2010年版。

（二）我国食用油产业发展具有成长性

新中国成立以来，我国食用油产业在不同阶段呈现出不同特征。解放初期到改革开放前（1949～1978年），我国食用油产业经历了工业基础薄弱，作坊式小油厂生产的食用油品质差，不能满足人们日常生活需要，到改革开放前初步实现工业化，基本能够满足人们日常生活需要的阶段。改革开放初期十年（1979～1989年），改革开放给食用油产业带来红利，油料作物大幅增产，食用油生产工业化现代化程度进一步提高，食用油品种不断增加，品质不断提高，除了能够满足人们日常生活需要外，还有一部分结余，实现了食用油产品和油料作物的对外出口。但是随着改革开放的进一步深入（1990～），人们生活水平日益提高，对食用油的需求迅猛增长，中国食用油年人均消费量已经从20世纪90年代初的不足6公斤猛增至22.5公斤，我国油料作物生产在不能“与粮争地”的大的政策背景下，食用油自给率由90年代初的100%剧烈滑落至38.5%。与此同时，我国食品产业在改革开放以来基本上实现了自给率100%，食品不论在品种上还是供应量上都十分丰富，这与食用油产业形成了鲜明的对照，这说明食用油产业就其自身发展而言有别于一般食品，有其独特性，因此有单独提出安全规制研究的必要性。

（三）食用油安全规制具有代表性

规制，又被称为政府管制，是指政府规制机构依法享有法律地位，并具有相对的独立性，对被规制者（主要指企业）依法行使职权，履行管制义务，采取的一系列行政管理和监督的行为措施。实行规制（政府管制）的主要目标是有效解决市场失灵问题，使社会经济达到一般均衡状态，最终实现资源配置的帕累托最优。政府规制主要包括社会性规制、经济性规制等内容。社会性规制主要是指针对外部性和内部不经济等现象所采取的规制行为。外部性指的是买卖双方在进行市场交易时，会发生环境污染、资源掠夺性开采等行为，这些行为会产生成本，而这些成本不得不由第三方或社会全体承担和支付的情况。针对外部性，政府的社会性规制手段主要包括对被规制者实行进入规制、设定标准规制以及收费规制，等等。内部不经济指的是买卖双方在进行市场交易时，掌握信息的一方不向另一方完全公布信息，导致信息不对称，造成非合约成本，而这种成本由信息不足一方承担的情况。针对内部不经济，政府的社会性规制手段主要包括准入规制、标准规制以及信息披露规制，等等。经济性规制是指政府规制机构运用进入、定价、融资和信息发布等政策手段，对特定产业的主体行为实行有效干预，防止这一产业出现竞争主体过多，内部恶性竞争，造成资源浪费或者是竞争主体过少，内部缺乏竞争，造成资源配置低效率等情况的发生，提升社会生产效率，保障社会服务供给高效、公正、稳定的规制行为。经济性规制按照规制手段划分，可以分为价格规制、质量规制、投资规制、信息规制以及进入、退出规制，等等。我国目前食品安全规制主要集中在社会性规制方面，近年来我国地沟油、食用油掺假、食用油中毒等食品安全事件频繁发生，严重干扰了社会秩序，给人们生活带来很大困扰，在食品安全规制研究中很有代表性，具有单独提出安全规制的必要性。

二、食用油安全规制研究的特殊性

食用油的安全问题日益成为中国民众关注的热点。提起食用油的危害，大多数人都会想起“地沟油”事件，但是就食用油供应链整体而言，从油料作物种植到食用油生产加工直到流通、消费的各个环节都存在安全隐患，主要有以下几个方面：一是油料作物在生产过程中会带入一些天然的毒素，例如花生的霉变会产生高致癌的黄曲霉素等；二是油料作物会带有杀虫剂、多氯联苯等农业化学品残留；三是重金属污染，既存在于油料作物种植过程的土壤水体污染也存在于食用油加工过程的设备污染；四是加工溶剂或食用油重复使用带来的危害，例如，浸出式生产加工食用油毛油时溶剂反复使用会带来溶剂超标问题、食用油反复高温煎炸会产生杂环化合物、热氧化聚合物等有毒有害物质；五是食用油生产加工过程中操作不当，会产生苯并芘等有毒致癌物质；六是存在非法添加和掺假造假等问题，例如棉籽油添加色素冒充橄榄油、食用调和油标注的各种油品的调和比例与实际不符，非法添加抗氧化剂会产生有毒有害物质等；七是非法炼制地沟油问题。①

在我国，人们目前最为关注的食用油安全问题主要是地沟油问题。在巨大利益的驱使之下，地沟油非法制售屡禁不止，屡打不绝，无孔不入，愈演愈烈，给公众健康造成极大损害，也在社会上形成较大的恐慌情绪。以2011年公安部破获的十大地沟油案件为例，十分触目惊心，详见表1－1。

表1－1　　公安部在2011年12月公布的“地沟油”十大案件

序号	地点	时间	案件经过	涉案数量（吨）	涉案金额（万元）
1	江西南昌	9月15日	江西省公安厅对江西省环宇生物柴油有限公司制售“地沟油”案件进行查处，共抓获万爱梅、张胜飞等涉案人员52人，该公司大量收购餐厨废弃油脂生产“饲料混合油”，销往广东省东莞市胜辉饲料制品经营部。	1600	1300
2	河南惠康	9月26日	浙江省宁波市公安机关联合河南省公安机关成功摧毁了河南惠康油脂有限公司制售“地沟油”犯罪团伙，抓获公司经理卜庆峰等涉案人员12人，该公司从山东济南格林生物有限公司购进“地沟油”，经与正品食用油按一定比例勾兑后销售。	8000	6400
3	重庆永川	8月下旬	重庆市公安局先后查处永川冠南烽烁油脂厂、永丰油脂公司、四川隆昌嘉吉饲料油脂厂等6个生产“地沟油”的厂家以及重庆益顺油脂公司等11个销售“地沟油”的经销单位，抓获涉案人员84人。	2000	1700
4	四川眉山	9月13日	四川省宜宾市公安局成功破获眉山市永健畜禽食品有限公司制售“地沟油”案，抓获该公司负责人汪永健等涉案人员12人。	2000	1700

① 姚卫蓉、马永娇：《食用油质量与安全问题及检测方法》，载《食品安全导刊》2010年第5期。

续表

序号	地点	时间	案件经过	涉案数量（吨）	涉案金额（万元）
5	辽宁抚顺	9月15日	辽宁省公安厅破获抚顺市郭志芹犯罪团伙制售“地沟油”案，抓获涉案人员19人。	2000	1700
6	山东济南	7月20日	山东省济南市公安局对济南发达油脂工业有限公司制售“地沟油”案件进行查处，抓获公司总经理朱传峰等涉案人员16人。	1500	1300
7	湖南株洲	10月21日	湖南省株洲市公安局破获邓佑秋等人制售“地沟油”案，抓获犯罪嫌疑人5人。	1000	900
8	江苏淮安	9月19日	江苏省淮安市公安局成功侦破淮安市裕丰饲料油脂有限公司制售“地沟油”案。	1000	900
9	吉林长春	9月17日	吉林省公安厅对制售“地沟油”的超越饲料油脂厂进行查处，抓获犯罪嫌疑人5人。经查，2010年7月以来，犯罪嫌疑人周松岭等大量收购火锅油等餐厨废弃油脂生产“地沟油”，销往粮油市场。	180	150
10	山西侯马	9月16日	山西省公安厅侦破侯马市添仓粮油公司销售“地沟油”案，该公司购进“地沟油”以桶装、壶装等形式销往粮油市场，抓获主要犯罪嫌疑人2名。	100	320

资料来源：江西食品网，http：//www. foods1. com。

实际上近年来爆发的食用油安全事件除了地沟油外，还有很多，十分触目惊心，例如1999年江西赣州食用猪油有机锡中毒事件造成1000余人中毒、3人死亡；1999年广东肇庆食用油石蜡掺假事件造成681人中毒；2000年湖南郴州食用油化学中毒事件造成12人中毒、2人死亡；2002年深圳市宝安区食用油磷酸三甲苯酯中毒事件导致10人中毒，其中1人瘫痪、4人7级伤残；2003年吉林延吉冻豆油“溴杀灵”中毒事件导致32人中毒、6人死亡；2003年重庆綦江过期糖果油脂酸败中毒事件造成94名小学生中毒；2003年湖北枣阳煎油馍色拉油酸价超标事件造成81人中毒；2005年北京粗制棉籽油勾兑假香油事件在北京地区造成严重恐慌；2006年广州黄埔区食用油掺桐油事件造成218人中毒；

2006年内蒙古海拉尔食用油农药污染事件导致4人中毒、1人死亡；2007年北京通州区过期大豆油中毒事件导致27名工人中毒；2007年江苏南通食用油掺桐油事件造成14人中毒；2009年甘肃省康县"汉香园"食用调配油"酸价"超标事件造成30人中毒；2009年湖南保健食用油龙头品牌金浩茶油致癌物苯并芘含量超标事件在社会上造成较大恐慌；2009年新疆过期葵花子油中毒事件造成5人中毒、1人死亡；2010年湖南怀化食用油掺桐油事件造成4人中毒；2012年西南最大油脂公司云南丰瑞油脂有限公司质量门事件爆发，导致旗下"吉象"牌散装猪油、桶装猪油、猪油植物调和油3个问题产品大面积实施召回；2012年广州市质监局查获恒丰食用油厂等3个厂家花生油高致癌物质黄曲霉毒素严重超标；2013年湖南永兴县假冒"金龙鱼"食用油销售案告破，涉案金额高达110多万元；2013～2014年台湾大统长基公司黑心油事件波及海峡两岸，造成大面积恐慌，台湾食品企业损失惨重。国外食用油安全事件也频繁爆发，造成严重后果，例如20世纪最严重的食品安全事件就是食用油中毒事件，1959年发生在摩洛哥，造成10000多人罹患麻痹症；1968年日本米糠油污染事件，被列为世界"八大公害事件"之一，实际受害者约13000人；1998年印度芥末油中毒事件导致2000余人中毒、60人死亡；2013年印度比哈尔邦校园午餐食用油中毒事件造成23名小学生死亡。

这些食用油安全问题既对人们的身心健康危害巨大，同时也对我国如何保障食用油安全，维护社会稳定提出了严峻考验。因此，严把食用油从油料作物生产直到餐桌消费各个环节的质量关，确保食用油安全，对于保障公众健康，稳定公众情绪，保证我国经济社会和谐健康发展有着重要意义。当前，无论是政府规制部门、专家学者还是普通民众都对食用油安全问题十分关注。政府规制部门逐步加大了对食用油安全的规制力度，不断完善食用油规制制度建设，不断强化食用油规制的运行保障机制；专家学者从理性分析的角度，对食用油安全涉及的各个方面问题，如行业发展前景、相关法律法规、食用油标准体系建设、食用油安全规制机制建设等诸多方面进行了学术研究和理论探讨，为政府规制部门决策提供了依据，为民众了解食用油安全知识提供了参考；同时，民众对于食用油安全的呼声也会形成巨大的社会反响，有利于政府规制部门进一步加强食用油安全规制，同时给专家学者加强食用油安全研究提供了动力。

三、食用油安全规制研究的复杂性

食用油产业涉及油料作物的种植、存储、运输、食用油的生产加工、存储、运输、批发、零售、食用油消费等诸多环节，节点众多。这些环节相互关联、相互制约，环环相扣，一个环节出现了安全问题，如果不及时控制就会进入下一个环节，如果下一个环节又出现了不安全因素，就会导致不安全因素越聚越多，安全问题就会越来越严重，所以，为了保障食用油安全，就要抓住食用油产业每一个环节和关键节点，有针对性的采取安全措施，进行全程监控，才能保障食用油“从田园到餐桌”的全过程安全。这也是2015年新修订的《中华人民共和国食品安全法》着重倡导的理念，在新食品安全法中将食品生产、流通、消费三个环节的监管统一划归国家食品药品监督管理总局负责，强调“全过程”监控。但是从目前的实际情况看我国食用油安全多部门分段监管模式并没有得到实质改变，只是具有了进一步集中的趋势。规制者即政府规制机构主要包括国家食品安全委员会、国家食品药品监督管理总局、农业部、国家卫生和计划生育委员会、国家质量监督检验检疫总局、国家工商行政管理总局、商务部等部门，这些部门按照食用油行业不同阶段、环节划分规制权限，例如，在油料作物生产环节，被规制者是油料供应商，规制者是农业部等，食用油生产加工环节，被规制者是食用油加工企业，规制者为国家食品药品监督管理总局等，食用油及油料作物的进出口环节，被规制者是进出口公司，规制者是国家质量监督检验检疫总局等部门。要实现食用油安全的有效监管，在我国的多部门分段监管模式下，就要使各个监管部门协同配合“无缝衔接”，所以将食用油安全监管作为一个整体，树立“全程”规制的理念十分重要，这也是新食品安全法倡导的核心理念。笔者认为如果要实现全程规制引入供应链管理十分必要。供应链是指商品到达消费者手中之前各相关者的连接或业务衔接，是围绕核心企业，通过对信息流、物流、资金流的控制，从原料采购开始，制成中间产品以及最终产品，最后由销售网络把产品送到消费者手中的将供应商、制造商、分销商、零售商，直到最终用户连成一个整体的功能网络结构。供应链的概念来源于扩大的生产概念，将企业的生产经营活动扩大了，向前进行了前伸，向后进行了后延。供应链管理是从消费者角度出发，突出核心企业的作用，加强企业之间的交流与协作，达到供应链整体的最优化。1995 年以后，供应链管理的理论、方法逐渐应用到了食品安全生产管理领域。舒彼昂（Zurbier，1995）等首次提出食品供应链（Food Supply Chain）概念，他认为食品供应链管理有助于实现食品安全管理的垂直一体化，从而降低生产和物流成本，提升食品的质量安全和管理服务水平。对于专门的食用油供应链问题研究，我国起步较晚，现在已经取得一些成果。谭体升、陈华、陈晓群、刘晔明、方刚、徐福才等学者对食用油供应链问题进行了较为深入的研究。本文正是基于食用油供应链展开的食用油安全全程规制研究。

第二节 文献综述

一、国外研究综述

（一）食品安全理论的研究

食品安全的概念在国外也是不断延伸发展的，由食品数量安全阶段转变为食品质量安全阶段。艾米莉（Emilie H.）认为食物是自然经济序列中的基本资本。理查德·A·梅林（Richard. A. Merrin）认为食物易获得性是维持社会福利水平的起码保证。1974 年世界粮食会议将食品安全定义为：所有人在任何情况下都能获得维持健康的生存所必需的足够食物。在这次大会上，食品安全问题研究从地区、国家延展到整个世界范畴，致力于加强国际交流与合作，号召各个国家和地区在农业科研、资金、技术等方面分享成果，重视世界粮食安全问题，切实采取政策措施，确保世界粮食安全。此后，国际食物政策研究所（IFPRI）在1975年成立。该所的工作任务主要是对低收入国家的食品安全战略及政策措施进行研究，对这些低收入国家的特定低收入人群予以关注，并研究保障食品安全的政策措施。1983年，联合国粮农组织（FAO）前总干事萨乌马将食品安全最终目标解释为确保所有人在任何时候既能买得到又能买得起他们所需要的基本食品。1984年，世界卫生组织（WHO）将食品安全定义为："生产、加工、储存、分配和制作食品过程中确保食品安全可靠，有益于健康并且适合人消费的种种必要条件和措施"，其实质是将食品安全等同于食品卫生。1996年，世界卫生组织（WHO）重新界定了食品安全和食品卫生两个概念。将食品安全界定为"对食品按其原定用途进行制作或食用时不会使消费者受害的一种担保"，将食品卫生界定为"为确保食品安全性和适合性在食物链的所有阶段必须采取的一切条件和措施"。[①]

（二）食品安全规制研究

克莉丝汀·科克伦（Christine Cochran，2001）认为目前世界上大致存在两种食品安全规制机构设立模式。[②] 一种是多部门共同负责模式，另一种是一个部门独立负责模式，前者的代表性国家是美国和日本，后者以欧盟、澳大利亚等为代表。西方发达国家在食品安全规制上普遍采用HACCP（危害分析与关键控制点）管理模式，以风险分析为基础，不断强化对食品安全的监控与检验。例如，美国农业部食品安全

---

① 黄怡、王廷丽：《有关食品安全问题的国外理论研究综述》，载《生产力研究》2010年第10期。

② 谯艳：《中美食品安全监管的比较研究》，西北大学硕士学位论文，2013年。

检验局（FSIS）对原有近90年的检验体系进行现代化改造，构建了全新的食品安全体系，实现了HACCP管理方式和SSOP（卫生标准操作程序）在联邦及州肉禽屠宰场和加工厂的全覆盖，等等。国际食品微生物规范委员会（ICMSF）在2001年提出运用食品安全目标进行食品安全管理的方法，一是运用食品安全目标对不同食品生产工艺的差异性进行定量描述；二是以食品安全目标为基准，采用危害管理模式来规范食品生产管理。

在转基因食品的管理模式上，分为供给型（Supply - Push）管理和需求拉动型（Demand - Pull）管理两种形式。供给型管理以美国为代表，强调只要科学上无法证明转基因食品具有危害性，就不要加以限制，主要针对最终产品进行管理，采取自愿标签制度；需求拉动型管理以欧盟、日本为代表，坚持风险预防原则，认为重组基因技术具有潜在危险性，必须进行安全评估和监控，强调对生产过程的管理，采取强制标签制度。

（三）食品供应链及其规制研究

1995年以后，供应链管理的理论、方法逐渐应用到了食品安全生产管理领域。舒彼昂等（1995）首次提出食品供应链（Food Supply Chain）概念，他认为食品供应链管理有助于实现食品安全管理的垂直一体化，从而降低生产和物流成本，提升食品的质量安全和管理服务水平。梅兹（Maze，2001）对食品供应链治理结构对食品质量安全的影响进行了科学研究。马丁（Martin，2003）探讨了HACCP监控体系如何在食品供应链中的应用问题。利昂（Leon，2005）研究发现通过对食品供应链的有效控制和科学管理有助于食品安全目标的实现。彼得·拉斯波尔（Peter Raspor，2008）在研究中发现食品安全目标需要食品供应链上各个参与主体共同努力才能实现。韦弗（Weaver，2001）等从理论和实证两个角度分析了食品供应链中的契约协作问题。尼尔沃什（Neilvass，2005）对温度控制对食品供应链以及食品安全的影响问题进行了科学分析。强调在食品供应链中实行温度监控技术并应用HACCP体系，确定冷链物流中的关键控制点。

二、国内研究综述

（一）价格规制、定价权与食用油国家安全研究

胡永波（2013）基于食用油供应链，从国内食用油企业视角出发，探讨我国食用油企业如何提高竞争力，打破国际垄断，保护我国食用油产业安全的相关策略。周嫒嫒、李邦义（2012）探讨了国外粮油巨头以合资、收购等多种方式大举进入我国大豆油脂产业的严峻形势，并对我国大豆产业现状进行了专题研究，提出了振兴我国大豆产业的四条途径，一是增加流通渠道；二是改革运行机制，提升运营效率；三是实现对大豆产业链的重新布局；四是通过利润再分配途径维护大豆（食用油）企业利益，从而维护大豆产业链的可持续发展，确保我国大豆及食用油产业安全。赵秦（2009）提出黑龙江大豆产业安全形势日趋严峻，振兴黑龙江大豆产业，维护产业安全，需要建立非转基因保护机制；提高单产和品质，加快结构调整，完善政策扶持体系，构建产业风险管理体系。何玉成、杨光（2011）认为目前一个国家农业产业面临的最大威胁来自外资垄断势力。外资垄断势力通过产业并购行为形成对该国农业产业的控制力。现代农业的各个产业纵向一体化特征十分明显，“从农田到餐桌”形成许多纵向的产业链，产业链中环节众多，外资垄断势力只要实现对某一环节的控制，就可以控制整条产业链，并可以根据各个环节的控制难度有选择地进行并购行为，策略性很强。外资垄断势力在中国几个重要农业产业的并购活动已经对我国农业产业构成重大威胁。作者提出针对上述威胁我国可以采取两个层次的应对策略，一是强化我国内资企业的反并购策略；二是加强政府规制部门的宏观政策调控和安全审查力度。程国强（2014）认为我国大豆产业在整个农业产业中举足轻重，关乎农业命脉，关乎国计民生，目前外资对我国大豆加工业已经形成垄断控制力，对于大豆产业的发展十分不利，存在产业危

险，必须采取措施避免垄断势力的进一步发展。蔡俊煌（2012）探讨了涉农战略性商品定价权问题。他认为自主定价权应该纳入产业安全范畴，目前我国农业自主定价权的缺失危及农业产业安全。作者从国际定价权、国内自主定价权和全球价值链治理下的定价权三个视角并运用寡头垄断理论、战略性贸易政策理论等相关理论，系统研究了我国涉农战略性商品定价权问题。蔡俊煌、林文雄、杨建州（2011）强调我国对涉农产业安全理论研究的滞后与偏差和涉农产业的战略地位凸显了中国涉农产业安全对策研究的重大理论意义。认为主动抓紧引导和支持我国市场主体对涉农产业链进行横向购并和纵向一体化整合有利于提升产业集中度、产业定价权和产业链的控制力。吴燕红（2012）在《中国农产品产业安全研究——以大豆贸易为例》中，首先运用比较优势、寡头垄断、价值链等相关理论对我国大豆贸易状况进行了系统研究，得出这样的结论：我国大豆进口依存度不断提高、国际竞争力不断下降、国内产业生存环境进一步恶化、产业控制力进一步减弱，定价权严重缺失，形势不容乐观；其次，运用产业安全评价模型，建立指标评价体系，对我国大豆产业进行量化和定性分析，认为我国大豆产业已经处于不安全状态。徐海滨（2008）以大豆、花生、油菜籽为例，对我国油料产业国际竞争力进行了分析，对我国油料生产徘徊不前，进口尤其是大豆进口数量却急剧上升；油料加工能力过剩进口却呈上升态势的产业发展现状深表忧虑，并提出对策建议。袁帅（2011）对我国油料油脂对外依存度和对粮食安全的影响进行了研究，指出我国油料油脂市场对外依存度节节攀高，形势越来越严峻，严重影响到了我国的粮食安全，不得不敲响警钟，已经成为全球石油安全、粮食安全之后的又一个关系到国家战略安全新的研究课题。王实（2014）基于 Malmquist 指数分析，研究发现：近几年来，我国食用油产业发展十分迅速，这主要得益于产业技术进步；外资企业通过并购重组亏损停工的中小食用油加工企业，产业控制力不断增强；中粮集团、益海嘉里集团等市场占有率不断提高，在产业链中处于核心地位，寡头垄断趋势明显；民营企业的发展空间被进一步压缩；外国直接投资（FDI）的溢出效应并不显著。外资企业与中国粮食安全课题联合调研组（2010）在《外资企业涉入我国粮油行业利弊分析》中，旨在让国人更清楚国际四大粮商的真实面目，既避免中国市场受制于“四大粮商”，更期望中国粮食企业博采众家之长，成为实力非凡的国际粮商。

（二）中国食用油市场结构与供应链研究

龙华（2010）以我国目前食用油行业的现状和面临的危机为基础，运用产业组织理论的SCP范式，着重对食用油行业的市场结构、市场行为及市场绩效进行了分析。指出了我国食用油工业市场的现状和危机以及原因。

王欢（2012）采用博弈论方法，从三个层面对食用油供应链定价方式进行阐述，即供应链与定价、供应链博弈和供应链博弈定价；并建立了食用油产品在集中决策、Nash 均衡、制造商主导和零售商主导四种定价博弈环境下的定价决策模型，通过对比分析，获得如下结论，一是食用油产品在二级供应链上定价决策；二是在食用油供应链上，生产商和零售商只有合作博弈定价才能实现利益最大化。

（三）供应链与食用油规制研究

黎继子、周德翼等人（2004）系统研究了国外食品供应链管理现状，对其产生背景和存在类型进行了介绍分析，探讨了国外食品供应链的电子商务模式和信息追踪系统的发展现状。吴浪（2010）对食品供应链的风险管理进行了研究。研究了食品供应链上存在的潜在风险因素及其成因和表现形式，建立风险评估模型，提出风险控制的各种对策。韩腾（2012）系统研究了基于供应链的食品安全激励机制。研究表明，在食品供应链上，各个环节的行为主体由于利益和职责各不相同，会发生各自利益和整体利益的冲突，导致供应链整体效率的下降，这主要是各合作企业和政府之间缺乏有效的激励机制和监督机制造成的，需要应用委托代理理论、激励理论和政府监管理论在实践中解决问题。宋佳玲（2012）对我国基于供应链的食品安全政府规制体制进行了系统研究。

提出了对策建议：一是健全基于食品供应链的政府监管法律法规；二是整合食品规制监管部门；三是明确划分各政府规制部门的监管职能；四是充分发挥第三部门的监管作用，等等。

对于专门的食用油供应链问题研究，我国起步较晚，现在已经取得一些成果。谭体升（2007）对我国食用油供应链的安全问题进行了初步探讨，建议以政府为主导，优化食用油供应链，保障食用油供应安全。陈华（2010）对基于供应链的食用油产品的溯源查询系统的建立和应用进行了探讨，系统介绍了与食用油供应链相关的现代技术，例如数据库管理、网络、电子标签、条形码、多媒体终端，等等，并运用这些技术实行“从农田到餐桌”整条食用油供应链上所有环节的全程信息记录和采集，并录入到溯源查询系统，实现随时随地的便捷查询。陈晓群、庄丽娟（2010）对通胀预期背景下的食用油供应链的利益分配格局进行了分析和探讨，认为现阶段我国食用油产业受到跨国粮商的严重冲击。保障食用油供链稳定的核心是各环节利益的合理分配。对国家收储价和开放市场价下的食用油产业链的各利益主体利益分配状况的分析发现，市场开放对种植环节主体的利益冲击最大，加工环节次之；国家价格支持政策对农民合理利益分配的保护是有效的。建议改革价格支持政策，增加“绿箱”补贴，提高市场准入度，完善食用油储备制度。刘晔明、傅贤智、周惠明（2011）提出要实施绿色供应链管理，提升我国食用油产业竞争优势。作者从我国食用油产业特点出发，阐述了绿色供应链管理（GSCM）的内涵和紧迫性，提出食用油产业实施 GSCM 的模式，分析影响食用油产业实施 GSCM 的宏观和微观环境因素，指出实施 GSCM 对食用油产业竞争优势的战略价值表现，进而提出 GSCM 模式下提升我国食用油产业竞争优势的可选途径。陈晓群（2011）系统研究了食用油供应链上各行为主体的利益协调机制，分析了各利益主体的行为特征，并提出了形成一个以加工企业为核心的供应链的利益协调机制，注重加强链条上各组织体系的支撑，建立公平合理的利益分配原则，加快供应链信息管理系统建设和进一步完善财政补贴支撑的建议。刘晔明、金青哲、王兴国等

（2011）对我国食用油绿色供应链管理运作模式和措施进行了深入研究。阐述了食用油绿色供应链的管理内涵，针对计划、采购、制造、交付和消费、回收物流等各个环节，介绍了食用油绿色供应链运作模式，使整个食用油产业的供应链成为一个绿色系统，并提出了实现食用油绿色供应链管理的措施。方刚、唐宁、张边江（2013）对转基因大豆的优缺点以及我国对转基因大豆油及饼粕的消费状况进行了介绍，分析了转基因大豆进口对我国食用油产业产生的巨大影响，指明了国产大豆的出路所在，为我国转基因大豆食用油的生产、加工和消费提供了参考。徐福才（2010）等认为信息不对称是食品安全问题产生的主要原因，系统研究了如何利用声誉模型来解决食品供应链上的信息不对称问题。梁志杰（2010）系统研究了国外冷链物流的发展情况，对比分析我国冷链物流现存的差距，提出对策建议。洪华南（2011）对我国冷链物流的发展状况进行了分析，指出配送能力不足是当前存在的主要问题，并提出相应的对策。他认为采用以第三方物流为核心的共同配送模式是解决冷链物流配送能力不足问题的关键，该模式的开发利用有利于保障食品安全，提高效率，降低成本。阎文杰等（2013）认为食品供应链的各个环节都可能存在不安全因素，加强食品物流安全是消除不安全因素的重中之重，对此他提出如下建议，一是不断完善食品物流基础设施建设；二是对物流各环节进行有效衔接；三是建立健全食品物流标准体系；四是建立物流专业人员的业务培训机制，等等。

（四）食用油安全规制中的博弈方法运用研究

索姗姗（2004）系统研究了政府规制部门在食品安全预警及危机处理中的角色定位问题，并对如何发挥政府规制部门作用，保障食品安全提出了对策建议。袁文艺（2012）通过对美国、欧盟和澳大利亚等代表性国家和地区的分析，得出西方国家食品安全管制制度的共性经验，包括四个方面，一是具有健全的食品安全规制法律法规体系；二是具有高效运转的食品安全规制机构；三是具有众多热衷公益积极参与的利益相关者；四是具有严格统一的食品安全标准体系。刘福军（2009）以德罗尔的逆境中的政策制定理论为基础，分析了食品安全危机治理中逆境型政府规制在伦理、模式、能力和自主性方面的缺失，提出了运用逆境型政府规制理论防控食品安全危机的对策：重视伦理道德建设；调整统计权的模式；调整事故调查的模式；完善规制责任追究制度；完善消费者损害赔偿制度。陈建勋、武治印（2012）以新制度经济学为理论基础，对我国食品安全规制体制体系进行了系统研究，他们认为当前体制存在制度性障碍，无法真正实现食品供应链安全。建议今后应该继续改革当前分段监管的体制，降低食品“从农田到餐桌”全过程环节中的信息不对称，提高厂商的机会主义成本。同时应该积极建立和完善食品召回制度，强化监管部门的问责制，将监管部门与厂商的风险与责任有机捆绑，从制度上降低食品安全发生的概率。茆翠红、钱钢（2009）在食品安全问题上运用演化博弈论方法，对政府和食品企业在博弈中的决策选择进行了分析，并提出相关对策建议。陈艳群、田双亮（2010）以演化博弈论为基础，构建政府规制部门和食品企业在食品安全上的进化博弈模型，分析博弈双方在博弈过程中的决策选择，并提出保障食品安全的对策建议。颜海娜、聂勇浩（2012）基于戴维斯制度变迁理论和国内公共行政实践，建立我国食品安全规制体制变迁模拟模型，并以此进行逻辑分析，认为我国未来食品安全规制体制变迁的演进方向为：减少规制部门数量，适当集中监管权限；强化职能部门之间的协调机构；引入社会中介组织等政府之外的第三方力量作为政府规制的有益补充。姚建华（2009）利用完全且完美信息动态博弈模型和二阶段的完全信息动态博弈模型系统分析了当前我国食品安全规制失效的根本原因，并对如何改善我国食品安全监管制度、提高监管效率提出了一些建议。曾婧、孙绍荣（2010）从危害食品安全行为的惩罚性赔偿制度视角出发，运用博弈分析和构建数学模型的方法，从定量分析角度研究我国新颁布的食品安全法中所包含的惩罚性赔偿制度的结构、要素及合理性。研究表明，食品安全法规定的惩罚力度能够有效遏制违法行为。

杨青、施亚能（2011）运用演化博弈理论构建了食品安全监管模型，通过复制动态方程的动态趋势和稳定性分析对食品安全监管模型进行了深入讨论。研究结果表明：降低食品企业成本，增加企业收入，加大对不合格品的处罚力度，控制监管费用，提高监管部门的监管效益等都将使食品安全监管博弈向着更有利于食品安全的方向演化。

（五）地沟油研究

赵德余（2012）认为地沟油事件的实质是食品安全危机。媒体和社会舆论的放大效应对政府治理地沟油形成巨大的政治压力，提出在地沟油治理政策实施中存在对六大相关利益主体激励不足的现实情况，并构建了一个治理地沟油问题的系统动力学模型，对若干政策工具进行了模拟分析。陈幼红（2011）立足国内地沟油监管的困境，研究了国外主要国家地沟油监管模式，比较了我国与国外发达国家在地沟油监管方面的差距，并从监管体系、法律法规、处置设备、技术能力等方面提出了加强我国地沟油监管的建议。

王贝贝（2012）对地沟油事件产生的原因进行了系统分析，并研究了他国治理地沟油的成功经验，对我国地沟油治理提出了对策建议。王龙（2010）对食用植物调和油质量安全及监督管理对策进行了研究，指出我国食用调和油市场中存在“以次充好，标识欺诈”的现象，并剖析了问题出现的根本原因，一是缺乏食用调和油的国家标准、地方标准和行业标准，无法定量检测；二是食用油生产加工企业诚信意识淡薄，造假欺诈行为严重；三是食用油种类繁多，市场管理混乱；四是规制部门监管不到位；五是对食用调和油产品检验检测的设备和经费投入严重不足，等等，并提出对策建议。

（六）油品安全问题与政府规制研究

尹建洪、罗立新（2011）详细研究了当前主要食用油品种的质量和安全问题，分析了导致食用油安全的原因，并提出了对策建议。杨崑（2012）研究了信息不对称条件下餐饮企业食用油安全制度建设问题。

他以信息经济学和博弈分析为基础，深入分析我国餐饮行业食用油安全监管状况，对餐饮行业如何建立健全不完全信息市场条件下的食用油安全制度提出三点建议，一是提高寻租成本；二是调整市场预期；三是适度调整博弈主体利益。王宇红（2012）对我国转基因食品安全政府规制问题进行了研究，以规制经济学的基本理论为指导，综合采用规范分析、案例分析、比较分析等分析方法，探讨转基因食品安全的政府规制问题，指出规制失灵的具体原因，在借鉴他国先进经验的基础上，提出完善我国转基因食品政府规制的对策措施。李云霞（2006）从法律规制的角度，深入分析我国食品安全问题，对我国如何健全食品安全法律规制体系提出对策建议。她认为我国必须加强与国际合作，共同探讨食品安全的治理经验，不断完善我国食品安全法律制度，以更好地保护人民的身体健康、维护社会稳定。王强（2008）考察分析了中外食品安全法律制度，通过综合运用经济学、法学等学科理论，对食品安全规制法律体系的生成机理进行了深入分析，并对构建我国食品安全法律规制体系提出建议。邹志群（2009）系统研究了我国的食品安全法律制度，认为我国食品安全法律制度缺陷是酿成食品安全事件的主因。应该从我国国情出发，借鉴美国、欧盟、日本的经验，从立法、执法、司法三个方面完善我国食品安全法律制度。丁则芳（2012）对如何进一步完善我国食品安全法律体系进行了探索，认为虽然 2009 年我国通过了《食品安全法》较之《食品卫生法》有了较大进步，但仍然存在内容陈旧，范围较窄，对新事物、新问题涵盖不够等现实问题，还需进一步修订完善。谢方琴（2012）系统分析了我国食品安全法律规制体系存在的问题，指出存在法律规制与现实相脱节的情况。在后食品安全时代，我国应该博采众家之长，广泛吸收借鉴国外先进经验，结合我国实际，进一步健全和完善我国食品安全法律规制体系。李叔国、李雪梅、陈辉（2005）较早的对食用油法律法规问题进行了研究，对我国建立健全食用油标准体系；实行和强化市场准入制度，建立法制为基础的食品安全诚信体系；建立检验检测体系；建立废弃油脂收集监管和利用体系等问题提出了建议。李娜（2008）对食用油安全问题进行了研究，从消费现状、油料来源、制取工艺、食用调和比例、产业安全多角度提出政策法规建议。王晓辉（2010）对食用油安全问题进行了深入思考，认为食用油安全和粮食安全同等重要，必须置于同等战略高度。要通过各种调控政策和法律法规的实施，确保食用油安全。尹建洪、罗立新（2011）对食用油安全问题进行深入分析并提出对策建议。指出食用油安全问题存在于食用油供应链的各个环节，剖析了导致食用油安全问题的原因，提出了加强法规建设和检查力度等具体对策措施。

（七）转基因油品研究

高莹莹（2011）提出，中国农业部颁布农业转基因生物的管理办法，有益于实质区分转基因大豆和非转基因大豆，拉开价格差距，对我国非转基因大豆的生产和出口起到了很好的拉动作用，但是该办法存在一些弊端需要改进，作者对此提出了修订建议。方刚、唐宁、张边江（2012）深入研究转基因大豆对我国食用油供应链的影响，详细分析转基因大豆的优缺点，提出尽快进行转基因油料作物立法的必要性和紧迫性。

（八）环境保护研究

高扬（2008）对地沟油制备生物柴油进行了研究，为合理有效利用地沟油提供了理论出路。

综观通过国内外文献综述，可以发现：食用油产业发展与安全规制研究，因其关系民众基本生活，渐成国内外研究热点问题。其中发达国家食用油规制研究的热点主要集中在如何通过政府之看得见的手与市场之看不见的手相结合，提升产业竞争力。因此，经济性规制是其研究重心所在。与之相比，中国食用油规制研究中，社会性规制研究比重大于经济性规制，事关国家安全（security）、民生健康（healthy）、环境保护（environment）的社会性规制问题十分突出，如何在促进食用油产业良性发展的基础上、保障食用油的安全供给，保障民众身心健康始终是研究焦点所在。

第三节 研究方法与逻辑结构

一、研究方法

运用“五相结合”的分析方法，即规范与实证分析相结合、静态与动态分析相结合、理论与实证分析相结合、定性与定量分析相结合、国外与国内分析相结合。具体而言，本书的研究偏重于以下方法：

1. 数理模型实证

构建中国食用油多元主体安全规制博弈模型，为政府规制部门提供规制的依据。

2. 比较制度分析方法

采用比较制度分析的研究方法，比较、分析和借鉴国外食用油安全规制的先进经验，分析我国存在的不足，树立全程规制理念，科学构建我国的食用油安全规制体系。

3. 规范分析法

在分析食用油产业各环节行为主体之间的关系；如何设立规制机构；如何调动市场主体的积极性；如何发挥社会中间组织（行业协会等）的作用等方面运用规范分析的方法，找出影响食用油安全规制的核心因素。

二、逻辑结构

中国食用油安全规制研究分为 7 个部分，如图 1 -1 所示。

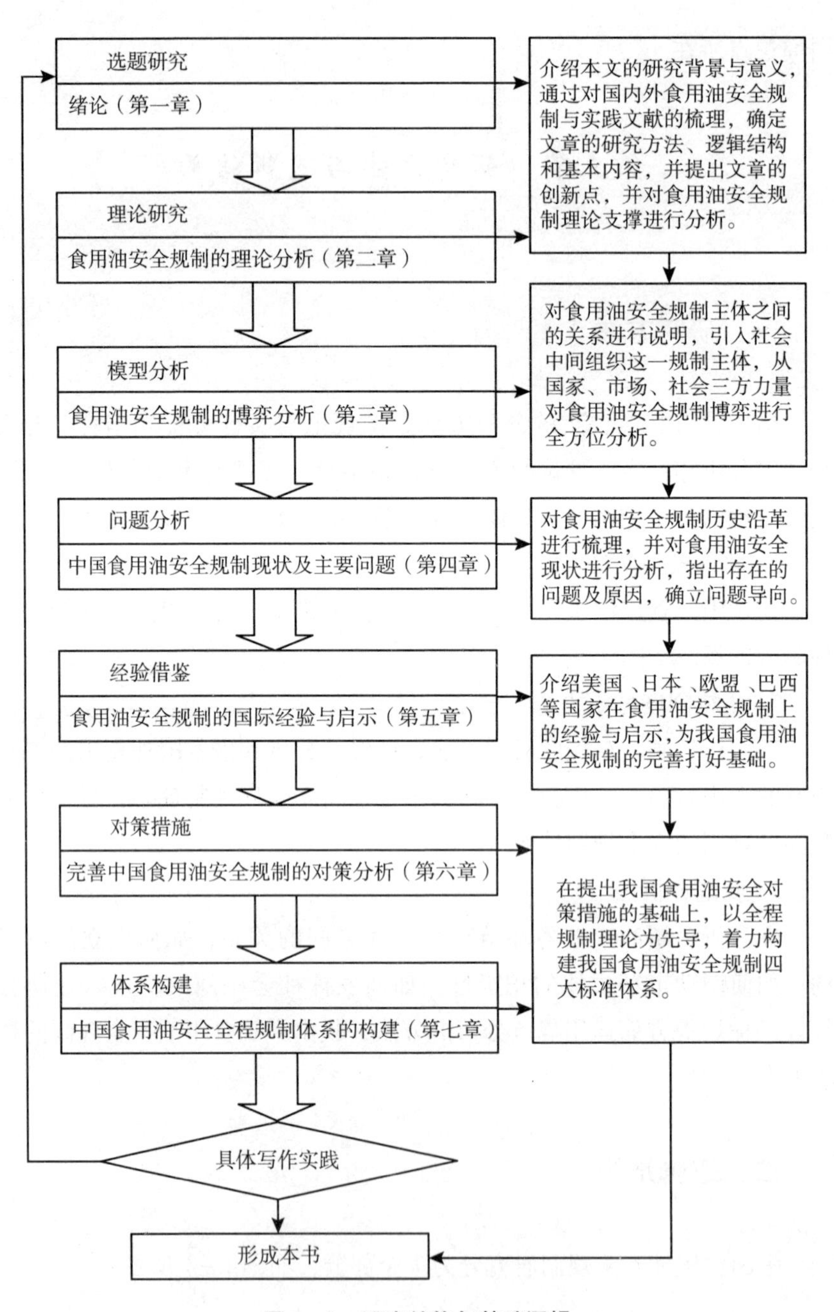

图1-1 研究结构与基础逻辑

具体内容如下：

第一章　绪论。介绍食用油安全规制的研究背景与意义，通过对国内外食用油安全规制理论与实践文献的梳理，确定文章的研究方法、逻辑结构和基本内容并提出文章的创新点。

第二章　食用油安全规制的理论分析。系统阐述外部性理论、信息不对称理论、政府俘虏理论等基础理论和安全风险累加性理论、后经验产品属性理论、公共产品理论等食用油安全相关理论，并对食用油安全对相关主体的影响进行了分析。

第三章　食用油安全规制的博弈分析。首先对食用油安全规制主体之间的关系进行说明，指出影响食用油安全规制绩效的因素；着重提出社会中间组织这个容易被人们忽视的规制主体，强调除了国家力量、市场力量之外社会力量在规制中的重要作用。在此基础上构建了食用油安全规制博弈模型，从国家、市场、社会三方力量对食用油安全规制博弈进行了全方位分析。

第四章　中国食用油安全规制现状及主要问题。对食用油安全规制发展的历史沿革进行了梳理，并对食用油安全现状进行了分析，指出存在的主要问题及原因，为提出完善我国食用油安全规制的对策措施打好基础。

第五章　食用油安全规制的国际经验与启示。采用比较制度分析方法，既对美国、日本为代表的多部门食用油安全规制的特点进行了分析，又对欧盟为代表的单一机构规制模式进行了研究，同时也对我国食用油主要进口国家——巴西的食用油安全规制情况进行了探讨，从中得到启示，为完善我国食用油安全规制的体制与体系提供借鉴。

第六章　完善中国食用油安全规制的对策分析。探索食用油安全规制体制创新的可行性，树立食用油安全全程规制理念，在健全和完善我国食用油安全相关法律法规和标准、加强食用油安全规制环境建设、加强社会中间组织建设等方面提出了对策措施。

第七章　中国食用油安全全程规制体系的构建。在第六章完善中国食用油安全规制对策措施的基础上，以全程规制理念为先导，着力构建我国食用油安全规制的四大标准体系。

第四节　研究的创新点

第一，提出了食用油安全全程规制理念，突出了在目前我国实行多部门分段监管的食用油规制模式下实现各部门监管协同配合的重要性，由此引入了食用油供应链概念，在理论上构建了一个基于供应链的食用油安全规制分析框架；

第二，通过引入社会中间组织，构建了一个多主体博弈模型。

由于食用油安全规制方面缺乏权威数据支撑，目前还不具备条件进行计量分析。此外，食用油供应链的复杂性也使得实证分析面临挑战。在未来的研究中将进一步加强实证分析工作。

第二章

食用油安全规制的理论分析

第一节　基础性理论

一、外部性理论

食用油作为食品的一个重要种类，其规制问题属于食品安全规制范畴，主要是社会性规制。探讨食用油安全规制可以从研究食品的社会性规制开始，首先是外部性问题。外部性理论首次提出于马歇尔 1890 年的著作《经济学原理》，并经庇古等人的理论完善。

食品行业的外部性主要表现为：如果食品企业生产的产品数量能够满足市场的需要，并且产品质量上乘，那么消费者的整体健康水平就会得到提升；与此相反，如果企业提供的是劣质食品，并在市场上泛滥，那么消费者的整体健康水平就会下降，会对消费者的身体健康造成危害，引发消费者对商品的不信任和集体恐慌情绪，最终酿成公共食品危害事件，引发社会危机，同时消费者会拒绝购买某类食品，导致这类商品销量剧减，给食品行业乃至整个国民经济带来巨大损失。

食品行业的外部效应可以用图 2－1 表示：假设在市场的安全信息

是完全的、透明的，消费者和食品企业都能完全掌握食品安全信息，这时就可以将食品市场分为安全性高和安全性低两个细分市场。其中，食品安全性高的市场可以用图 2－1（a）表示，食品安全性低的市场可以用图 2－1（b）表示。在图 2－1（a）中，S_H 和 D_H 分别是食品安全性高的市场的供给曲线和需求曲线；在图 2－1（b）中，S_L 和 D_L 分别是食品安全性低的市场的供给曲线和需求曲线。在这里我们假设两个市场的商品价格单位相同，在图 2－1（a）中，由于食品企业生产的是安全性高的优质食品，其生产成本也较高，为了获得利润，那么商品定价也会较高，由于消费者完全掌握相关信息，他们也会乐于接受较高的商品价格。在需求曲线和供给曲线的交叉点，确定了食品安全性高的市场的均衡价格 P_H 和均衡数量 Q_H。以此类推，在图 2－1（b）中也能确定食品安全性低的市场的均衡价格 P_L 和均衡数量 Q_L，按照优质高价，低质低价的原则，$P_H > P_L$。

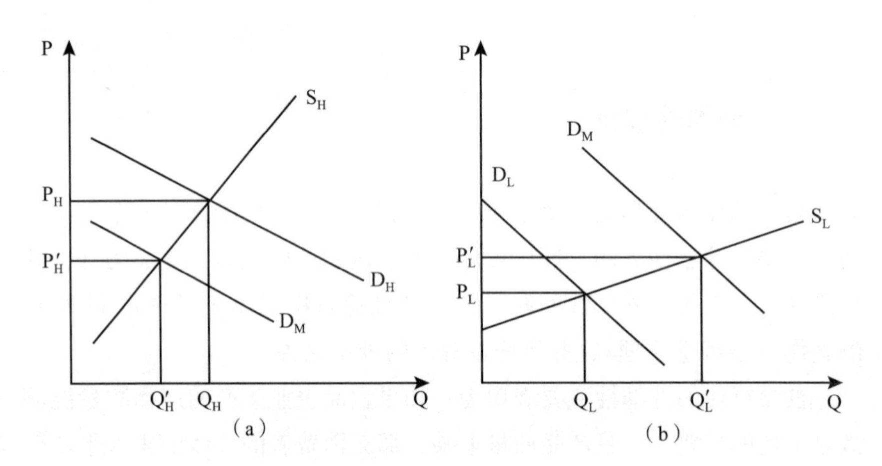

图 2－1　食品安全的外部性分析示意图

但是，在实际的食品市场上，消费者掌握的信息不可能是完全信息，因而也不可能完全辨别不同食品的安全性高低。这样在消费者理性预期的作用下，消费者以高价格购买食品的欲望就会降低，那么整个市场的需求就会降低，在图 2－1（a）中，市场的需求曲线就会由 D_H 向

左下方调整到 D_M。同时，由于食品企业生产安全性高的食品具有成本刚性，其供给曲线 S_H 不会发生改变。在需求曲线 D_M 和供给曲线 S_H 的交叉点，就确定了新的市场的均衡价格 P'_H 和均衡数量 Q'_H。显而易见，$P'_H < P_H$，$Q'_H < Q_H$。这说明在食品安全性高的市场，高安全性食品的市场份额被蚕食，总体收益在下降。

同样道理，在图 2－1（b）中，由于消费者不能够完全了解食品信息，在消费者理性预期的作用下，对该市场的需求将会增加，这样市场的需求曲线就会由 D_L 向右上方调整到 D_M。供给曲线 S_L 保持不变，这样在 D_M 和 S_L 交叉点形成了新的市场均衡，均衡价格为 P'_L，均衡数量为 Q'_L。显而易见，$P'_L > P_L$，$Q'_L > Q_L$。这说明在食品安全性低的市场，低安全性食品的市场份额增加，总体收益提高。

二、信息不对称理论

乔治·J. 斯蒂格勒（1961）提出了最佳信息量均衡模型（见图 2－2），这是分析食用油安全市场信息不对称问题的一个有力工具。一般情况下，人们在购买商品时不会一进门儿就购买，也不会走遍所有商店来购买最具性价比的商品。这是因为，人的精力是有限的，如果逛的商店太多，花费的时间太长，就会加剧人体的疲劳感，同时也会挤占做其他事情的时间，这时边际成本 MC 会增加；另外，即使通过增加搜寻范围、延长搜寻时间，可以获得额外信息，发现物美价廉商品，但可能性会逐渐减少，即边际收益 MR 递减。当 MR 与 MC 曲线相交时（MR = MC，交点为 E），就得到了最佳的信息量。这里需要说明的是，即使获得最佳信息，也不能一定购买到最物美价廉的商品，但这却是最佳的购买行为，这是因为信息资源具有稀缺性，存在机会成本。这一模型对于分析食用油安全市场的信息不对称问题同样很有裨益。在这里我们先设定一个假设条件——食用油安全规制水平越高，规制部门能够获得的安全隐患信息就越多，即二者正相关，那么，我们可以说食用油安全规制部门获得安全隐患的信息越多付出的代价越高，即边际成本 MC_1 递增。

在图 2 –3 中，我们可以看到，如果规制部门获得信息的成本偏高，那么，边际成本 MC_1 会向左上方平移。同样我们认为，规制部门获得的信息越多越有利于降低事故的发生概率。然而，随着搜寻信息的进一步深入，额外信息消除食用油安全事故概率的可能性逐步降低，带来的安全收益递减，即边际收益 MR_1 递减。如果，一国安全信息的主要边际收益——消费者的生命价值被严重低估（尽管这种状况在逐步改善），那么，MR_1 在坐标轴上的位置偏左（下），如图 2 – 3 中的边际收益 MR_1 所示。

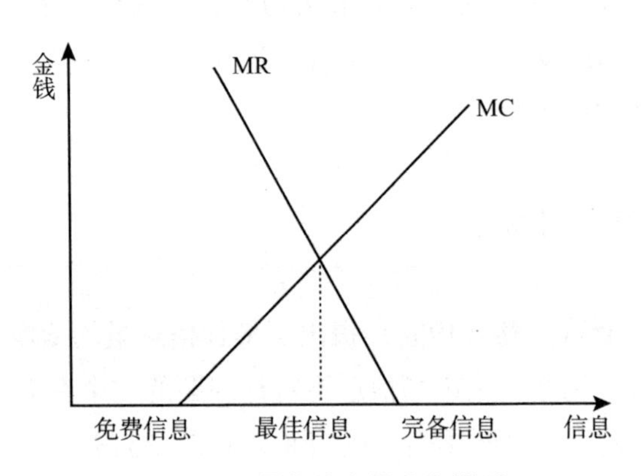

图 2 – 2　最佳信息量均衡模型

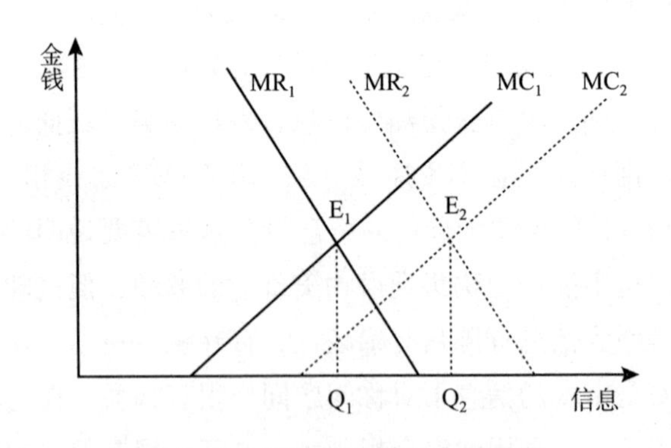

图 2 –3　信息不完备与政府规制

综上，如果一国边际成本 MC_1 相对较高，而边际收益 MR_1 相对较低，共同决定了政府安全监管部门只能获得较低水平的最佳信息量 Q_1，而较低水平的信息量说明了政府监管的低效率，只能避免一部分而无法全方位制止食用油安全事故的发生，这和目前我国的食用油安全规制情况相符合。相比之下，图 2-3 中的 MC_2 和 MR_2 意味着边际成本较低而边际收益较高，相对应的 Q_2 代表较高水平的均衡信息量，这代表了政府监管的高效率，比较符合美国、日本等发达国家的食用油安全规制现状。

三、政府规制俘虏理论

乔治·施蒂格勒（1971）在实证研究中发现这样一个惊人的事实:[①] 规制不一定有效，一个产业即使在规制部门监管之下也并不会比其他无规制产业效率更高、商品价格更低。乔治·施蒂格勒根据这一发现提出了著名的政府规制俘虏理论。该理论的核心思想是，政府规制产生的目的是为了满足产业对规制的实际需要，最终的结果不是规制机构控制了产业，而是产业最终实现了对政府规制的控制。他指出政府规制存在两种可能，一种情况是出于产业的积极争取，该产业的利益集团出于自利动机对规制部门进行利益俘获，这样的政府规制从规制设计到实施都是为了给受规制产业争取更大的利益，并参与分享垄断利润。规制不过是利益集团之间转移财富的工具；另一种情况是规制真的是政府强加在某一产业上的，并且对受规制产业产生很大的影响。

对政府规制俘虏理论做出进一步贡献的是佩尔特兹曼。[②] 他在 1976 年提出，行业垄断必然带来垄断利润，在没有政府规制的情况下，垄断

---

① 吴剑平:《中国社会转型中的政府俘获行为研究》，华中科技大学博士学位论文，2012 年。

② 《我的未来不是梦——关于政府管制俘虏理论》. http://blog.sina.com.cn/s/blog_494d28ff0100qmq3.html，2012。

利润由垄断企业独享，政府有分享利润，进行规制的冲动。而在实行政府规制的情况下，政府在法律上被授予处理垄断利润的权利，直接关系到垄断企业获得垄断利润的多少，这样，被规制产业的利益集团在经济利益的刺激之下，必然尽最大的努力去影响政府的立法规制者和执法规制者，以期获得对本产业最为有利的规制制度。被规制企业（利益集团）会不惜采取各种方式与政府规制者合谋分享垄断利润。由于分享了垄断利润，政府会有动力通过规制行为为利益集团攫取更多的垄断利润服务。只要能获得更多的垄断利润，即使政府规制者分享了利润，这种“寻租投资”也是值得的。由于一个产业内部可能存在多个利益集团，这些利益集团就会“合谋”，共同面对政府规制者，通过“寻租投资”，尽可能地保留产业垄断利润。这种共同应对政府规制者的合力与被规制企业的数量呈负相关关系，即被规制产业内的企业越多，竞争越激烈，则合力就越弱；企业越少，垄断性越强，其合谋的力量就越强，对政府规制者的影响越大。

第二节　食用油安全相关理论

一、食用油安全风险的累加性理论

食用油供应链比较复杂，包括油料作物的种植、食用油的加工、食用油销售、食用油消费等多个环节，节点众多。这些环节相互关联、相互制约，环环相扣，一个环节出现了安全问题，如果不及时控制就会进入下一个环节，如果下一个环节又出现了不安全因素，随着供应链的自然流转，不安全因素会越聚越多，安全问题就会越来越严重，出现牛鞭效应，经历的环节越多，放大的比率越大，具有显著的累加性。所以，为了保障食用油安全，就要抓住食用油供应链的每一个环节和关键节点，有针对性地采取安全措施，进行全程监控，才能保障食用油整条供应链的安全性，保证消费者最终消费到健康的食用油。

二、食用油的后经验产品属性理论

食用油仅仅凭借感官往往无法判断质量的优劣。虽然有些食用油能从有无沉淀物、色泽、气味等方面进行辨别，但是对于大多数消费者而言，在食用油加工技术高度发达的今天，单从肉眼是无法分辨食用油的优劣的。例如，各种食用调和油、掺了棉籽油的香油、掺了棕榈油的橄榄油，甚至地沟油，如果不借助专业仪器设备，很难辨别真伪。往往是吃过了一段时间才能知道食用油品质的好坏，但是一旦食用了不安全的食用油，出现食用油中毒，往往后果不堪设想。因此，食用油属于后经验产品，一旦出现食用油安全问题往往无法逆转，例如，发生在日本和中国台湾的米糠油中毒事件给患者带来的是终生的痛苦，甚至遗传到下一代。对于食用油安全最好的办法就是抢在安全问题发生之前就做好预防，变被动应对为主动保障，从“农田到餐桌”整个过程的源头抓起，全过程监控，保障食用油安全。因此，基于供应链视角展开食用油安全研究是一个较好的方法。

三、食用油质量安全的公共产品理论

消费者对食用油安全的需求往往体现在对食用油安全信息的需求上。消费者迫切需要知道哪些食用油是安全的，哪些是存在安全隐患的，这是社会公众的共同需求，与普通意义上的私人需求有很大的不同。这种共同的信息需求具有非排他性和非竞争性特征，一个显著的特点就是这种信息的开发成本很高，而传播收益为零，这就决定了只有通过公共部门，特别是政府，才能满足这种信息需求，竞争性市场是无法满足这一需求的。食用油安全的信息需求具有公共性和共同性特征，所以它属于公共产品，只有通过政府及与相关的部门，运用公共资源才能实现。要强化政府职能，构建信息型和服务型的新型政府，加强信息工程建设，健全信息传导机制，形成自上而下的食用油安全信息网络。

第三节　食用油安全对相关主体的影响分析

加强对中国食用油安全规制研究具有较大的现实意义。如果食用油安全缺乏保障将会对消费者、企业和政府产生深远影响。

一、对消费者的影响

（一）消费者剩余会因为食用油安全事件的发生而不断减少

消费者剩余是消费者在购买商品或服务过程中产生的内心感应和心理评价。消费者剩余的多少是评价某一经济行为对消费者产生影响的重要指标。消费者剩余可以用经济学二维坐标图表示出来，即由边际效用曲线、价格坐标轴和成交价格线三条线围成的面积。这个面积越大则说明消费者剩余越多，反之，则说明消费者剩余越少。如果食用油质量安全事件不断爆发，人们对食用油消费的满意度和安全感就会不断下降，就会导致单位食用油商品的边际效用递减，那么在坐标图上，边际效用曲线就会向左下方整体移动，消费者剩余随之由原来的面积 S_{ABD} 减少到 S_{DEC}，详见图 2－4。与此同时，假冒伪劣食用油商品的出现和猖獗必然导致优质的食用油商品稀缺，由于供求关系的影响，其价格必然不断上涨，这样消费者剩余又由之前的面积 S_{ADB} 减少到 S_{AEC}，详见图 2－5。国内某种商品假货泛滥，进口优质商品价格就会猛涨就是很好的例子。例如，2012 年我国西班牙进口的一款具有保健功能的高档橄榄油每升的价格高达 320 元，比普通的豆油贵了将近 50 倍。

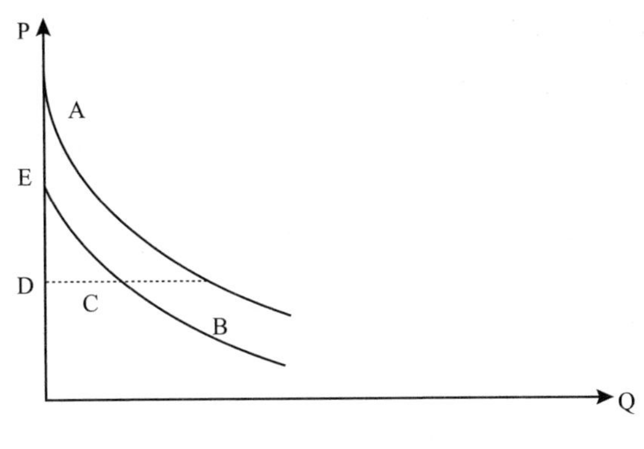

图 2-4　消费者福利分析（一）

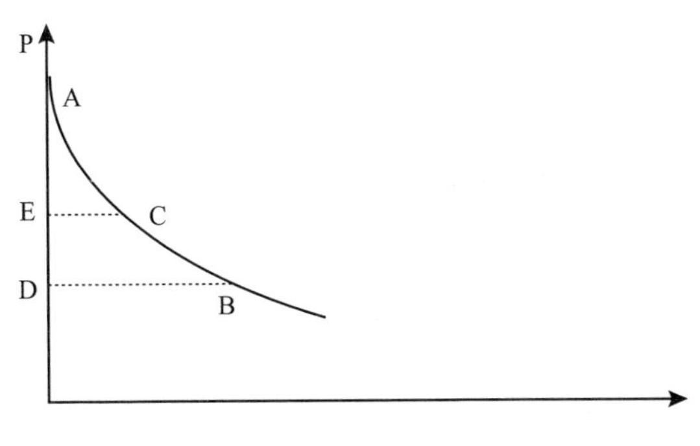

图 2-5　消费者福利分析（二）

（二）食用油安全事件的发生会降低消费者幸福指数

消费者幸福指数反映的是消费者在消费过程中所获得的正效用的大小。可以表示为：

幸福指数 = 总效用/欲望

根据张荣山、南振梅、李文秋《河北省居民幸福指数调查分析》（2012）数据显示：居民对食用油安全状况满意指数为 2.32，是所有调查项目中最低的。地沟油等食用油安全事件的发生，导致居民对食用油安全普遍没有安全感。根据调查显示，有两类人群对食用油产品满意程度较低，一类是收入较低的群体，不满意的原因是由于购买力水平较低，买到劣质食用油的概率较高，食用油质量难以保证；另一类是高知群体，由于掌握较多的专业知识，对发生的食用油安全事件造成的身心健康影响认识的更为深刻，不安情绪较高导致对食用油产品的满意度较低。当前，消费者对食用油产品满意指数较低的事实说明，食用油安全现状和民众期待相距甚远，加强食用油安全规制任重道远。

（三）假冒伪劣食用油产品会对消费者身体造成显性和隐性伤害

例如，地沟油对人体的危害巨大，由于含有致命毒素黄曲霉素，长期食用会导致胃癌、肝癌等癌变的发生，同时也会影响青少年的身体发育；一些低档油品的长期摄入也会影响人们的身体健康，棕榈油虽然是植物性油脂，但是比猪油还差，油品类似动物性油脂，它的饱和脂肪酸含量在50%以上，长期食用会引起心脑血管疾病。另外当气温低于或接近0℃时会凝固成白色膏体，由于它的价格只相当于大豆油价格的1/4，所以成为一些不法厂商勾兑食用调和油的主要原料，这也是一到冬季一些出现白色凝固反应的食用调和油大降价的原因；另外食用油天然含有毒素，例如，棉籽油含有棉酚，可以导致不孕不育和神经性中毒，菜籽油含有芥酸和芥子甙，会引起发育不良、生殖力下降，等等。

（四）导致消费者交易成本增加

由于食用油产品的危害往往具有隐蔽性和食用油消费的后验性产品特征，消费者如果不掌握专业知识很难分清产品的优劣，为了买到好的食用油产品不得不花费更多的金钱，同时为了掌握相关知识以及在购买时的审慎选择也多耗费了大量时间，这些都会导致消费者交易成本的增加。

二、对企业的影响

（一）增加了企业的交易成本

在食用油供应链上涉及的环节众多，一旦一个环节发生安全问题，都会对其他环节产生连带反应，如果消费者购买到劣质假冒食用油商品并不需要自己将出现安全事故的具体环节找出来，只需向生产加工的最后一个环节进行索赔并要求承担相关法律责任。那么从供应链末端开始，每个环节的行为主体都要耗费大量的人力物力进行检验检测，以证明自己的“清白”，摒除上游企业给自己带来的负外部性，这显然会增加每一个环节的交易成本，造成经济运行的低效率。

（二）对食用油供应链核心企业的影响巨大

食用油安全事件一旦发生都会对食用油供应链的核心企业——主要是食用油生产加工企业带来巨大的商业影响，企业信誉度迅速下降，销售额锐减，一旦责任坐实可能招致巨额赔偿，损失惨重，直至破产。例如 2010 年中国茶油第一品牌——湖南金浩茶油股份有限公司 9 批次产品被查出致癌物质超标被勒令停产整顿，造成企业巨额亏损和消费者信任度的迅速降低。

（三）有可能对整个食用油产业造成致命打击

食用油安全事故一旦发生就会产生非常强烈的负外部性，在整个食用油产业引起强烈震动，发生连锁反应，消费者由于担心吃到问题油品，在一段时间内会选择替代品而减少直至完全放弃食用油产品的消费，即使是优质的食用油产品也可能被株连和连坐，导致整个食用油产业的萎靡不振，最终将会对整个产业给予致命一击。例如，地沟油事件发生后，很多消费者对国产食用油缺乏消费信心，进口食用油份额大幅增加。

（四）给了外国企业可乘之机

近年来，我国不断爆发的食用油安全事件严重影响了我国食用油企业在国内国际的企业声誉，也使国内企业的生产经营状况雪上加霜，大面积亏损，外国企业特别是以“ABCD”（美国 ADM、美国邦吉、美国嘉吉、法国路易达孚）四大粮商为代表的大型跨国粮油企业乘虚而入，通过收购国内企业或者独立建厂等方式不断抢占国内企业的市场份额，导致企业规模不断扩大，市场份额不断集中，提升了企业进入食用油产业的壁垒。

三、对政府的影响

（一）严重影响政府的经济管理绩效

衡量政府的经济管理绩效，主要包括三个指标，第一是社会的资源配置效率；第二是经济的规模结构效益；第三是科学技术的进步效率。近年来不断爆发的食用油安全事件严重损害了局部地区乃至整个社会的资源配置效率，同时，由于食用油安全事件的爆发会造成整个食用油产业的不景气，进而影响经济的规模结构效益，同时由于缺乏科研资金的投入还会影响技术进步效率。

（二）严重影响政府的公信力

政府的公信力是政府的各项政策措施顺利实施的坚强后盾。食用油安全事件的频繁爆发必然大大降低政府的公信力，进而导致政府的政策运行受阻，政策措施难以施行，大大影响政府的行政效率。

（三）有可能成为社会矛盾爆发的导火索

众所周知，我国正处于改革开放的深水区，“二元”经济结构没有明显改善，呈现出城乡、东西地区、市场与计划、国内与国际、经济过热与过冷“五元”并存的复杂局面，积累了大量的社会矛盾，一个偶然事件的出现就可能导致社会矛盾的大爆发。食品及食用油安全问题是公众容忍的最低点，最容易成为公众矛盾的凝聚点，在公众中迅速传播并引起共鸣，最终成为引发社会危机的导火索。例如，1999 年的比利时二噁英事件直接导致政府下台；2008 年的日本三笠毒大米事件直接导致农林水产大臣引咎辞职；2011 年的德国毒鸡蛋事件引发数万人大示威，对默克尔政府造成沉重打击。

第三章

食用油安全规制的博弈分析

第一节　食用油安全规制各行为主体及其相互关系

食用油安全规制的行为主体主要包括政府规制机构、食用油生产相关企业、消费者和社会中间组织等。从规制关系来说，政府机构是规制者，包括中央政府和地方政府；食用油相关企业是被规制者，包括食用油生产加工企业（核心企业）、油料供应商（国内农户、国外农场主）、物流企业、销售企业等。

一、食用油安全规制的行为主体

（一）规制者：食用油安全政府规制机构

食用油安全政府规制机构包括中央政府规制机构和地方政府规制机构，二者在规制职能的发挥上各有侧重。中央规制机构注重宏观，对全国的食用油安全负总责，主要的工作包括食用油质量安全政策法律法规的制定与完善；全国层面的食用油安全的监管执行和重大食用油安全事件危机处理；对地方规制机构进行监管等方面。地方规制机构注重微观，对所在地区的食用油安全负责，主要工作包括执行中央规制机构的相关政策、法律法规和国家食用油标准；制定本地区的食用油质量安全政策和地方法规；对本地区食用油产业各环节企业进行监管；维护消费者权益等。受规制制度缺陷、地方保护主义和个别规制者寻租行为的影响，地方规制机构相对于中央规制机构更容易被食用油企业俘获。

（二）被规制者：食用油供应链各环节相关企业

在食用油供应链中食用油生产加工企业居于核心地位，作为被规制者，其生产经营行为受到国家和地方相关政策法规和行业标准的强制约束，一旦违规就要受到规制部门的处罚。但是食用油生产加工企业为了追求利润最大化、摆脱被规制的被动局面，必然要采取种种手段，一是对规制部门及相关人员进行“俘获”，以期达成“同盟”关系；二是利用资本优势对下游食用油流通、销售企业进行定价权控制，但是由于销售、流通等企业通常经营多家食用油生产加工企业的产品，所以控制能力较弱；三是对上游企业油料供应商进行控制，油料供应商基本上分为国内零散的农户和国外农场主，由于国内农户较为弱小，数目众多最易被食用油加工企业控制，而国外进口的食用油原料由于是跨国粮商组织供货反而具备资本优势，更具有定价话语权，所以国内农户处于弱者地位，国内油料作物的生产除了自然天气原因，更受到食用油生产加工企业收购价格的影响，还受到外国供应商的打压，这也是我国油料作物种植面积经常发生波动的主要原因。食用油供应链各环节相关企业的关系如图 3 – 1 所示。

（三）消费者

消费者处于食用油供应链的最后一个环节，由于食用油产品“后经验产品”的特性，往往在食用较长一段时间之后才能知道产品质量的优劣。并且作为普通消费者往往只能从品牌、油品的种类、是否为转基因产品、制油方法是压榨还是浸出等方面加以判断，很难对食用油供应链上各个环节潜在的危险认识清楚。

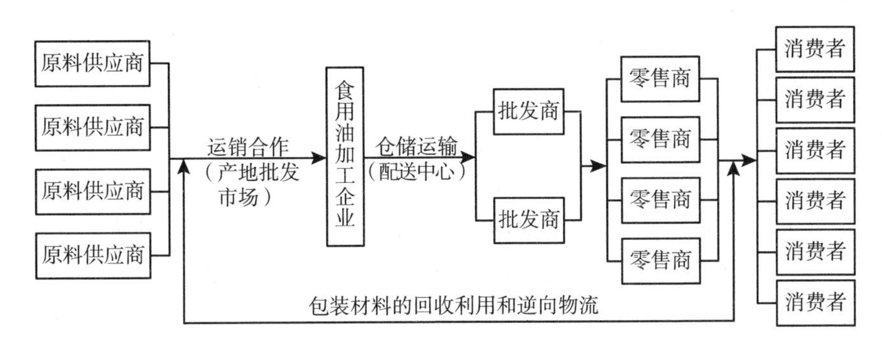

图3-1　食用油供应链各环节相关企业的关系结构图

（四）社会中间组织

食用油行业的社会中间组织是指独立于政府食用油规制部门和食用油相关市场主体，为政府干预市场和市场影响政府以及市场主体之间起中介作用的主体，主要包括中国粮油协会油脂分会、全国各级粮油协会、植物油行业协会、木本油料协会、大豆协会、各级消费者协会等，社会中间组织的介入属于非强制性第三方治理，既对规制者——政府的规制行为具有修正作用，又能够促进被规制者——食用油相关企业的行为改进。

二、规制行为主体之间的关系

目前，经过2013年国务院新的一轮机构改革和2015年《新食品安全法》的出台，在我国食用油行业，规制者即政府规制机构主要包括国家食品安全委员会、国家食品药品监督管理总局、农业部、国家卫生和计划生育委员会、国家工商行政管理总局、国家质量监督检验检疫总局、商务部等部门。规制者进行食用油安全规制的主要目的是维护公共利益，保护国民健康。但是如果规制者仅仅从消费者利益最大化出发来进行严厉的食用油规制，被规制者为了应对只有底线而没有极限的食用油质量安全，会背上沉重的生产成本负担。为了减轻经营压力，被规制者会采取贿赂的方式换取规制者放松规制，其结果是规制者被俘获，与被规制者形成利益同盟关系，这势必会损害消费者利益。因此，规制必须坚持适度原则，实现资源配置的最优化。在我国食用油行业，被规制者包括食用油供应链上从油料作物生产直到销售的所有企业。每个环节都有相对应的规制部门，例如，在油料作物生产环节，被规制者是油料供应商，规制者是农业部等，食用油生产加工环节，被规制者是食用油加工企业，规制者包括国家食品药品监督管理总局、国家质量监督检验检疫总局等部门。规制者对被规制者的生产经营行为进行监督检查，发现违规行为就要进行处罚。但是规制者一旦被俘获，放松规制，受到利润最大化动机的驱使，被规制者就会降低食用油质量安全标准，会对消费者的消费安全造成威胁。处于食用油供应链末端的消费者由于单体弱小，结构分散，无法形成消费集团，在缺少话语权、知情权、信息不对称以及规制者被俘获等多重不利因素的影响下处于劣势地位，无法与食用油供应链中的核心企业相抗衡。社会中间组织的兴起对于维护消费者利益起到了一定的推动作用。

第二节　食用油安全规制的多方博弈分析

一、规制者内部的博弈

食用油安全规制的规制者既包括中央一级的食用油安全政府规制机构也包括地方各级食用油安全政府规制机构，为了简便起见，仅表述为中央和地方两级政府规制机构。这两级食用油规制机构的利益诉求不尽相同，具有一定的差异性。为了阐释食用油安全规制的规制者内部中央和地方的协调及策略选择情况，特构建一个长期威慑博弈模型加以说明。

（一）模型的基本假设条件

（1）假定在博弈模型中有两个博弈主体，一个是食用油安全中央政府规制机构，我们简称为上级部门（A），一个是食用油安全地方政府规制机构，我们简称为下级部门（B）。在这里我们还假定食用油规制上级部门（A）和下级部门（B）都是完全理性的。

（2）假定食用油规制上级部门（A）和下级部门（B）之间的博弈属于完全信息动态博弈，即二者信息完全透明，上级部门（A）总是行动在先，而下级部门（B）在开始行动之前对上级部门（A）的决策完全了解和掌握。

（3）食用油规制上级部门（A）有权对下级部门（B）采取激励措施，给予奖励为正激励，给予处罚为负激励。在这里假定，食用油规制上级部门（A）的激励措施并不是一次博弈就立刻兑现，具有较强的不确定性，但是从长期看，下级部门（B）获得激励具有必然性和稳定性。

（4）我们假定食用油规制下级部门（B）所获得的奖惩与执行上级部门（A）的指令情况存在正相关关系，即食用油规制上级部门（A）的指令越重要、惩罚越严厉则下级部门（B）的执行力度和执行频率越高。

（二）构建博弈模型

1. 支付函数的假定

一是假定食用油规制下级部门（B）对上级部门（A）的指令采取配合行动的概率为 p_0，由此上级部门（A）获得的收益为 $R_0(R_0>0)$；在食用油规制下级部门（B）不配合的情况下，上级部门（A）的收益为0。

二是假定对于食用油规制上级部门（A）的指令，下级部门（B）予以配合，这时所付出的成本为 $C_0(C_0>0)$，其概率为 p_1。换言之，食用油规制下级部门（B）采取配合行为自身所获收益为 $-C_0$；如果食用油规制下级部门（B）采取不配合行为则不会产生成本，其收益为 C_0。

三是假定食用油规制上级部门（A）对下级部门（B）采取激励措

施，当正激励（奖励）时，下级部门（B）所获收益为 $R_1(R_1>0)$，当负激励（惩罚）时，下级部门（B）所获收益为 $-C_1(C_1>0)$。在这里，食用油规制下级部门（B）所得到的正负激励（奖惩）是一个随机变量，决定于上级部门（A）的指令函数。

四是假定食用油规制上级部门（A）和下级部门（B）进行的是一次性（二阶段）的完全信息动态博弈。由于是一次性博弈，下级部门（B）必然获得激励。

由以上假定可以得出食用油规制上级部门（A）对下级部门（B）的威慑函数：

$$f(x)=\begin{cases}0 & x<x_0\\ ax+b & x_0\leqslant x\leqslant x_1\\ 0 & x\geqslant x_1\end{cases} \tag{3.1}$$

在式中，a，b 是常数项，表示食用油规制上级部门（A）威慑指令的可执行力度，之和表示威慑函数产生跃变的 2 个临界点。

食用油规制下级部门（B）在上级部门（A）采取惩罚措施（负激励）的情况下获得的额外收益（损失）可以表示为：$-C_1=\lambda f(x)$，$\lambda<0$

$\lambda>0$，则代表威慑函数的威慑效果和食用油规制下级部门（B）所获负激励存在正相关关系。

2. 模型的支付矩阵

上下级食用油安全政府规制机构之间的博弈矩阵如表 3－1 所示。

表 3－1　　上下级食用油安全政府规制机构之间的博弈矩阵

下级部门（B） 上级部门（A）	配合（p_1）	不配合（$1-p_1$）
严格规制（p_0）	R_0，R_1-C_0	0，C_0-C_1
放任规制（$1-p_0$）	R_0，$-C_0$	0，C_0

（三）博弈均衡与结果分析

1. 简单策略型的威慑博弈分析

如果食用油规制上级部门（A）发布的食用油安全规制措施得到下级部门（B）的积极配合，那么这时上级部门（A）的最优策略为放任规制，这是因为即使上级部门（A）的规制不严格，其本身的损失为零；但是这时食用油规制下级部门（B）如果不配合，其收益将大于上级部门（A）所给予的奖励，即，$C_0 > R_1$，这时下级部门（B）的最优策略是不配合。基于理性人假设，如果食用油规制上级部门（A）放松规制，则下级部门（B）必然不会有执行指令措施的主动性和积极性。这时食用油规制上级部门（A）和下级部门（B）的博弈均衡是“放任规制，配合”，前者的收益为零，后者的收益是 C_0。这是一个不稳定的均衡，原因在于食用油规制上级部门（A）在实际工作中不会总是不作为，也不会对下级永远信任，一直不采取规制行动。而且即使食用油规制下级部门（B）积极配合也不能确保规制效果一定会实现，其原因在于下级部门（B）的力量有限，在食用油安全规制成本较高、规制体系存在漏洞的现实情况下，没有可能仅靠一己之力完全杜绝食用油企业生产劣质产品的行为。在现实中，食用油规制上级部门（A）不但严格执行而且会采取多种措施对下级部门（B）施加威慑。

分析表3-1，我们可以看出，在食用油规制上级部门（A）选择“严格规制”的前提下，$R_1 - C_0$ 和 $C_0 - C_1$ 的大小决定了食用油规制下级部门（B）的博弈策略是选择“配合”还是“不配合”。具体情况如下：

第一种情况，当 $R_1 - C_0 > C_0 - C_1$ 时，食用油规制下级部门（B）“配合”上级部门（A）所获受益较大，则其会选择“配合”；并且变换公式可以得到 $R_1 + C_1 > 2C_0$，由中得出，当食用油规制上级部门（A）对下级部门（B）正负激励之差大于下级部门（B）配合成本的2倍时，食用油规制下级部门（B）将会选择“配合”策略，则这时的纳什均衡为“严格规制，配合”。

第二种情况，当 $R_1 - C_0 < C_0 - C_1$ 时，食用油规制下级部门（B）"不配合"上级部门（A）所获受益较大，则其会选择"不配合"。并且变换公式可以得到 $R_1 + C_1 < 2C_0$，由中得出，当食用油规制上级部门（A）对下级部门（B）正负激励之差小于下级部门（B）配合成本的2倍时，食用油规制下级部门（B）将会选择"不配合"策略，则这时的纳什均衡为"严格规制，不配合"。

第三种情况，当 $R_1 - C_0 = C_0 - C_1$ 时，食用油规制下级部门（B）不管选择"配合"还是"不配合"，其收益是相同的，这时不论是"严格规制，配合"还是"严格规制，不配合"均为纳什均衡；并且变换公式可以得到 $R_1 + C_1 = 2C_0$，这时是食用油规制上级部门（A）和下级部门（B）博弈均衡的临界点，现实中很难出现。

2. 长期混合策略型的威慑博弈分析

从现实情况看，食用油规制上级部门（A）和下级部门（B）之间仅为一次的纯策略纳什均衡很难出现。出于理性考虑，双方都会以对方的上一次策略为参照来选择最优的对策。而且，在现实中，食用油规制上级部门（A）的正负激励措施也不会在每一次博弈之后立即兑现，具有随机性和不确定性，往往是经过多轮博弈之后才会必然向下级部门（B）支付。此时，只存在扩展的长期威慑博弈。

在这里，我们需要补充新的假设条件：在第 t 次博弈之后，即在 t+1 时点上，食用油规制上级部门（A）才会对下级部门（B）给予相应的激励；如果下级部门（B）在 t+1 时点上被负激励，则无再获正激励的可能性。

在长期威慑状态下，上下级博弈行为由于受到外界因素影响，其威慑关系往往呈抛物线形式的二次函数。

$$f(x) = \begin{cases} 0 & x < 0 \\ ax^2 + bx & 0 \leqslant x < -\dfrac{b}{a} \\ 0 & x \geqslant -\dfrac{b}{a} \end{cases} \tag{3.2}$$

省略求解过程，我们得到博弈均衡解与简单威慑博弈相同，也存在“严格规制，配合”或“严格规制，不配合”的纳什均衡解。从中可得，在长期威慑中同样存在食用油规制上级部门（A）严格规制而下级部门（B）不配合的情况，即 $R_1+C_1<2C_0$，变换可得 $-C_1>R_1-2C_0$，即下级部门（B）一旦选择不配合，其所受到的负激励大于其选择配合所获得的正激励，并且不会再获得正激励，这样作为“理性人”，下级部门（B）会一直选择不配合。这说明了一个问题，如果负激励过大，则食用油规制机构内部上下级之间的协调配合将被破坏，即使激励机制存在，也难保运行顺畅。再则，当 $x<0$ 或 $x\geqslant -\frac{b}{a}$，且 $R_1<2C_0$；$0\leqslant x<-\frac{b}{a}$ 且 $ax^2+bx>R_1-2\frac{C_0}{\lambda}$ 时，激励机制无效，不配合是下级部门（B）的最佳选择。这也说明了另一个问题，食用油规制上级部门（A）的威慑措施一定要有可行性，并且要适度，超过临界值，威慑力很难达到效果，甚至为零，陷入长期博弈困境。这也说明，在食用油安全规制上，上级规制机构提高执法的可行性至关重要，这是保障政令畅通和食用油安全规制效果的关键。

二、规制者和被规制者之间的博弈

食用油供应链上的各个企业作为被规制者和规制者——食用油安全各级政府规制机构之间必然存在利益上的博弈关系。为了简便起见，在这里仅选择食用油供应链上的核心企业——食用油生产加工企业和食用油安全地方政府规制机构作为博弈的双方（以下简称食用油企业、政府规制机构），来分析二者之间的博弈关系。

（一）政府规制机构与食用油企业的一般性博弈分析

按照经济学“理性人”假设，食用油企业会在约束条件下追求利润最大化。对于食用油造假企业，只要不出现食用油安全事故，就会获得巨大的经济收益，同时带来的社会成本也会十分巨大。如果政府规制机构的惩罚力度不够大，食用油企业即使违规生产不合格产品被抓到，但受到的惩罚小于潜在的收益，则食用油企业的安全意识淡薄的状态不会发生改变。食用油企业能否生产安全产品取决于遵守安全规制的成本与潜在收益之间的比较；政府规制机构是否对食用油企业进行规制及规制的力度取决于其付出成本和所获收益的比较。食用油企业遵守安全规制所付出的成本与政府规制机构的监管力度正相关，同时政府的监管力度又和食用油企业对安全生产的重视程度正相关。综上，在食用油安全规制过程中，政府规制机构和食用油企业存在彼此制约与理性决策的博弈。

（二）政府规制机构与食用油企业的博弈模型

1. 模型基本设定

我们假定参与博弈的双方，一方是地方政府规制机构；另一方是食用油企业。其中，政府规制机构的策略选择为“监管，不监管”，食用油企业的策略选择为“正规生产，违规生产”。本博弈模型为非合作静态博弈，即政府规制机构和食用油企业在进行策略选择之前不会知道对方的策略信息，可以认定双方的行动是同步进行的（见表3-2）。在此基础上，我们设定假设条件：

表3-2 食用油政府规制机构与食用油企业效用矩阵

规制机构 企业		监管（P_0）		不监管 （$1-P_1$）
		查处（P_1）	未查处（$1-P_1$）	
违规（P_2）	无事故	$\mu F-C_0$，$Q-F$	$-C_0-\alpha Q$，Q	$-\alpha Q$，Q
	有事故	$\mu F-C_0Q-\alpha Q$， $Q-F-C_1$	$-C_0-\alpha Q$，$Q-C_1$	$-\alpha Q$，$Q-C_1$
正规		$-C_0$，0	$-C_0$，0	0，0

一是政府规制机构有权对食用油企业实施监管职能，我们假定政府

规制机构的监管力度，即实施监管的概率为 P_0，不实施监管的概率为 $1-P_0$，且 $0 \leqslant P_0 \leqslant 1$；其中，在政府规制机构对食用油企业实施监管过程中，查实并处罚违规企业的概率为 P_1，查实但不处罚的概率为 $1-P_1$。政府实施规制行为的成本为 C_0。

二是食用油企业具有违规生产获取最大利润的“天然冲动”，我们假定食用油企业违规生产的概率为 P_2，获得的额外收益为 Q，且 $Q \geqslant 0$，正规生产的概率为 $1-P_2$。

三是假定食用油企业违规生产且不发生食用油安全事故的概率为 λ，发生的概率为 $1-\lambda$ 且 $0 \leqslant \lambda \leqslant 1$。

四是假定食用油安全事故的发生仅仅和食用油企业对安全生产重视不够有关，并且食用油企业违规生产导致安全事故，必须进行善后处理，其成本为 C_1，$(C_1>0)$。

五是假定食用油企业违规生产必然产生社会损失，损失值为 αQ，其中 α 代表食用油企业产生负效用的倍数，且 $\alpha \geqslant 1$；若企业被查处，其罚款金额为 F。在这笔罚金中，政府规制机构将获得罚款收入 $\mu F(0 \leqslant \mu \leqslant 1)$。

食用油企业效用的大小取决于所获利润的高低，若其违规生产而没导致食用油安全事故，也没有被政府规制部门处罚，就会攫取超额利润。政府规制机构的效用包括两个方面，第一，获得的额外收益；第二，除了企业之外的社会福利之和。政府规制机构和食用油企业的效用博弈矩阵详见表 3-2，需要说明的是，在矩阵中，各节点前一数字代表政府规制机构的效用，后一数字代表食用油企业的效用。

2. 博弈模型的求解

一是被规制者违规生产的最优概率。

假定规制者进行监管的预期收益为 R_0，则：

$$\begin{aligned}R_0 = &P_2[(\mu F-C_0)\lambda P_1+(-C_0-\alpha Q)\lambda(1-P_1)+P_1(1-\lambda)(\mu F-C_0-\alpha Q)]\\&+P_2[(1-P_1)(1-\lambda)(-C_0-\alpha Q)]+(1-P_2)[(-C_0)P_1+(-C_0)(1-P_0)]\end{aligned} \tag{3.3}$$

整理得：

$$R_0 = P_2[P_1(\mu F+\lambda\alpha Q)+(-\alpha Q)]-C_0 \tag{3.4}$$

假定规制者不进行监管的预期收益为 R_1，则：

$$R_1 = P_2[\lambda(-\alpha Q) + (1-\lambda)(-\alpha Q)] \tag{3.5}$$

整理得：

$$R_1 = P_2(-\alpha Q) \tag{3.6}$$

为了得出被规制者违规生产的最优概率，我们假设规制者监管和不监管的预期收益是相同的，令 $R_0 = R_1$，即：

$$P_2[P_1(\mu F + \lambda\alpha Q) - \alpha Q] - C_0 = P_2(-\alpha Q) \tag{3.7}$$

解上式得：

$$P_2 = \frac{C_0}{P_1(\mu F + \lambda\alpha Q)} \tag{3.8}$$

由此我们可以看出，变量 λ，C_0，P_1，μF，αQ 直接关系到食用油企业即被规制者违规生产最优概率的大小。详细分析可得，假定其他变量给定，食用油企业最佳违规生产概率与 P_1（规制者的查处力度）、F（规制者的惩罚力度）、α（被规制者违规生产负效应的倍数）负相关，且与 C_0（规制者的监管成本）成正比。其中，Q（违规企业的额外收益）在这里是固定值，由食用油产业政策和市场环境等因素决定。

二是规制者的最优监管概率。

假定被规制者食用油企业违规生产的预期收益为 R_2，可得：

$$R_2 = \{P_1[(Q-F)\lambda + (Q-F-C_1)(1-\lambda)] + (1-P_1)[Q\lambda + (Q-C_1)]\} + (1-P_0)[Q\lambda + (1-\lambda)(Q-C_1)] \tag{3.9}$$

整理得：

$$R_2 = P_0(-P_1F + P_1\lambda C_1 - P_1\lambda Q + \lambda Q - \lambda C_1) + Q - C_1 + \lambda C_1 \tag{3.10}$$

假定被规制者食用油企业正规生产的预期益为 R_3，可得：

$$R_3 = P_0[0 \times P_1 + 0 \times (1-P_1)] + (1-P_0) \times 0 = 0 \tag{3.11}$$

为了得出规制者最优的监管概率，我们假定被规制者违规生产和正规生产的预期收益相同，即 $R_2 = R_3$，则：

$$P_0(-P_1F + P_1\lambda C_1 - P_1\lambda Q + \lambda Q - \lambda C_1) + Q - C_1 + \lambda C_1 = 0 \tag{3.12}$$

解得：

$$P_0 = \frac{Q + C_1(\lambda - 1)}{P_1F + \lambda(Q - C_1)(P_1 - 1)} \tag{3.13}$$

由上式可以得出，被规制者食用油企业违规生产获得的额外收益 Q 和变量 λ、F、C_1、P_1 直接关系到规制者最优监管概率的大小。具体而言，在被规制者食用油企业安全生产理性预期给定且满足 $Q > C_1$ 的情况下，规制者政府规制机构的最优监管概率与 Q（被规制者违规生产的额外收益）、λ（食用油安全事故的发生概率）正相关，F（规制者的惩罚力度）、P_1（规制者的查处力度）、C_1（违规企业食用油安全事故处理成本）负相关。

3. 博弈的结果分析

由上可知，规制者和被规制者的混合策略纳什均衡为

$$P_0 \frac{Q + C_1(\lambda - 1)}{P_1 F + \lambda(Q - C_1)(P_1 - 1)},\ P_2 = \frac{C_0}{P_1(\mu F + \lambda\alpha Q)} \quad (3.14)$$

即规制者以 $\frac{Q + C_1(\lambda - 1)}{P_1 F + \lambda(Q - C_1)(P_1 - 1)}$ 的概率行使监管职能，被规制者以 $\frac{C_0}{P_1(\mu F + \lambda\alpha Q)}$ 概率进行违规生产。

根据（3.8）式的博弈均衡结果，可以得出这样的结论：在相关变量一定的条件下，政府规制机构的查处力度越大，食用油企业违规生产的最优概率越小；政府规制机构的惩罚力度越大，食用油企业违规生产的概率越小；食用油企业违规生产的负效应倍数越大，作为被规制者，其违规生产的概率越小；食用油企业违规生产获得的额外收益越大，政府规制机构监管成本越高，则食用油企业违规生产的概率越大。

根据（3.13）式的博弈均衡结果，可以得出这样的结论：在被规制者食用油企业安全生产理性预期给定且满足 $Q > C_1$ 的情况下，食用油企业违规生产所获额外收益越大，规制者政府规制机构的最优监管概率越大；食用油安全事故发生的越频繁，政府规制机构的最优监管概率越大；对食用油企业的惩罚力度越大，政府规制机构的最优监管概率越小；政府规制机构查处违规力度越大，其最优的监管概率越小；食用油企业处理食用油安全事故的成本越大，政府规制机构的最优监管概率越小。

三、被规制者内部的博弈

在食用油供应链各个环节的企业中，被规制者包括油料作物生产农户（外国农场主）、油料作物供应商、食用油生产加工企业、物流企业、食用油产品批发商、零售商等，这些企业之间由于利益诉求不同等原因，存在严重的信息不对称。其中食用油生产企业和销售企业是食用油供应链上的核心及重要企业，在被规制者内部，分析二者的博弈关系很具有代表性。

（一）构建博弈模型的假定条件

（1）假定食用油生产企业和销售企业分别是信号的发送者和接收者，二者均为“理性人”，双方存在信息不对称，食用油生产企业在产品信息上占据绝对优势，此博弈为两信号博弈。

（2）假定食用油生产企业只有两种类型，一种类型的企业生产安全的食用油产品，记为 f_0；另一种类型的企业生产不安全的食用油产品，记为 f_1。在不考虑食用油销售企业选择食用油产品类型的前提下，我们假定食用油销售企业在进货时会遵循这样的原则：一是将购进质优价低的食用油产品作为最优策略；二是高质高价和低质低价的食用油产品给销售商带来的收益是相同的；三是销售企业拒绝购进质次价高的食用油产品。

（3）食用油销售企业进货策略可以表述为，以优质优价进货（P_y）；以低质低价进货（P_d）。由于食用油生产和销售企业之间存在信息不对称，二者之间的信号博弈可以这样表述：一是食用油销售企业对生产企业的类型 $f_i(i=0, 1)$ 是随机选择的，销售企业以先验概率 $p(f_0)$，$p(f_1)$，从生产企业的类型集合 $F=\{f_0, f_1\}$ 中随机抽取，且 $p(f_0)+p(f_1)=1$；二是食用油生产企业在了解自己类型为 f_i 的情况下，会声称自己是 f_h，这时声明的类型既可能是真实的，与 f_i 相同，也可能是虚假的，与 f_i 不相同；三是食用油销售企业在获得 f_h 后，从集合 A =

$\{a_0, a_1\}$ 中选择行为 a_k，$k=0, 1$，分别表示进货和不进货；四是食用油生产企业的效用为 $U_p(f_i, a_k)$，销售企业的收益为 $U_s(f_i, a_k)$。

我们假定食用油生产企业出厂产品价格为 $w(f_i)$，每单位产品生产成本为 $c(f_i)$，由于政府规制机构对食用油生产企业的违规生产行为要进行一定程度的处罚，因此只要食用油生产企业发布虚假信号就有可能承担受到处罚的风险成本。

$$c(r) = Ld(f_0, f_1) = \begin{cases} 0 & i=j \\ 0 & i=1, j=2 \\ Ld(f_0, f_1) & i=2, j=1 \end{cases} \tag{3.15}$$

在（3.15）式中：$c(r)$ 为风险成本；L 为食用油生产企业违规生产受到处罚的概率；d 为对单位食用油产品的罚金函数；i 为食用油生产企业的实际生产类型；j 为食用油生产企业的声明类型。假定食用油生产企业是风险中性的，则其每单位产品销售收益的表达式为：

$$U_p(f_i, a_k) = w(f_i) - c(f_i) - c(r) \tag{3.16}$$

（二）精炼贝叶斯均衡

精炼贝叶斯均衡也称为精炼贝叶斯纳什均衡，是不完全信息动态博弈的均衡，由完全信息动态博弈的子博弈精炼纳什均衡和不完全信息静态均衡的贝叶斯均衡结合而成。

1. 基于信号博弈的分离精炼贝叶斯均衡

分离精炼贝叶斯均衡指的是两种类型的食用油生产企业会做出不同的声明，守法生产的食用油生产企业会声明自己的类型是 f_0，违规生产的食用油企业会声明自己的类型是 f_1，二者的声明都是真实的。但是这种声明的真实性需要满足一定条件才能实现：

一是在优质的食用油产品的价格高于劣质食用油产品时，即满足 $P_y - c(f_i) > P_d - c(f_i)$ 情况下，f_i 类型的食用油生产企业对自己类型的声明才是真实的。

二是只有在满足 $P_y - c(f_j) > P_d - c(f_j)$ 的情况下，f_1 类型的食用油生产企业对自己类型的声明才是真实的。即在不等式 $P_y - c(f_i) > P_d - c$

(f_i) 中，只有在 $P_y - c(r) < P_d$，也即：$P_y - P_d < c(r)$，这意味着政府规制机构加大惩罚力度将会使违规生产的食用油企业付出更大的代价。这两个条件是实现精炼贝叶斯均衡的必要条件，缺一不可。

针对食用油生产企业的行为选择，食用油销售企业会有针对性的进行选择判断：

$$p\left(\frac{f_i}{f_j}\right) = \begin{cases} 0 & f_i \neq f_j \\ 1 & f_i = f_j \end{cases} \tag{3.17}$$

食用油销售企业在进行选择判断时会有这样的共识，若食用油生产企业的真实类型与声明类型是一致的，那么其条件概率为1。在这样的条件下，食用油销售企业的理性策略选择是：一是完全接受以 P_y 价格购进安全的食用油产品；二是完全接受以 P_d 价格购进不安全的食用油产品。这一策略选择与前面两个满足条件一起构成了分离精炼贝叶斯均衡。

2. 基于信号博弈的混同精炼贝叶斯均衡

在这个模型之中，混同精炼贝叶斯均衡指的是两种类型的食用油生产企业都声明自己的类型是 f_i。并且无论其真实类型是何种，只要其声明自己为守法生产食用油企业，其所获收益都会高于声明自己是违规生产食用油企业。换言之，只要不等式 $P_y - c(f_0) > P_d - c(f_0)$ 和 $P_y - c(f_1) - c(r) > P_d - c(f_1)$ 成立，全体食用油生产企业都会声明自己是生产安全食用油产品的类型。

在上述前提之下，食用油销售企业会这样进行策略选择：

$$p\left(\frac{f_0}{f_1}\right) = p(f_0),\ p\left(\frac{f_1}{f_0}\right) = p(f_1) \tag{3.18}$$

$p\left(\frac{f_1}{f_0}\right)$ 表示在食用油生产企业将自己的类型声明为 f_0 时，其真实类型是 f_1 的条件概率。这一概率与随机选择到的违规生产食用油企业的概率 $p(f_1)$ 相等。食用油销售企业会根据食用油生产企业的策略选择和贝叶斯法则来进行选择判断，这与混同精炼贝叶斯均衡条件相符合。也就是说，在食用油生产企业类型声明和食用油销售企业的判断选择既定的条件下，作为食用油销售企业，其理性选择如下：一是当食用油生产企业声明自己的类型是 f_0 时，食用油销售企业愿意以 $p(f_0)$ 概率并以 P_y 价格选择进货，以 $p(f_1)$ 概率选择不进货或者只有食用油生产企业将食用油产品价格降到 P_d 时才进货；二是当食用油生产企业声明自己的类型是 f_1 时，食用油销售企业将完全接受以 P_d 价格进货。这时产销双方的策略选择就构成了混同精炼贝叶斯均衡。

3. 基于信号博弈的准分离精炼贝叶斯均衡

在此模型中，准分离精炼贝叶斯均衡指的是在食用油生产企业的真实类型是 f_0 时，其声明类型也是 f_0；在食用油生产企业的真实类型是 f_1，其声明自己的类型是 f_0 的概率为 r，声明自己的类型是 f_1 的概率为 1 - r，即

$$p\left(\frac{f_0}{f_0}\right)=1,\ p\left(\frac{f_0}{f_1}\right)=r,\ p\left(\frac{f_1}{f_1}\right)=1-r \qquad (3.19)$$

若一个食用油生产企业的真实类型为 f_1，其愿意随机选择 f_0 和 f_1 两种类型之一作为自己声明类型的条件是，不管食用油生产企业选择何种类型，其收益相同。其表达式为：

$$P_y-c(f_1)-c(r)=P_d-c(f_1)\ \text{即}\ P_y-(r)=P_d \qquad (3.20)$$

根据食用油生产企业的策略，食用油销售商的判断为：

$$p\left(\frac{f_0}{f_1}\right)=\frac{p(f_1)p\left(\frac{f_0}{f_1}\right)}{\left[p(f_1)p\left(\frac{f_0}{f_1}\right)+p(f_0)p\left(\frac{f_0}{f_0}\right)\right]}=\frac{p(f_1)r}{[p(f_1)r+p(f_0)]} \qquad (3.21)$$

$$p\left(\frac{f_0}{f_0}\right)=1-\left(\frac{f_1}{f_0}\right) \qquad (3.22)$$

在上述表达式中，前一个 f 表示食用油生产企业的真实类型，后一个 f 表示其声明类型，表明在食用油生产企业将自己的类型声明为 f_0 时，其真实类型可能是 f_0，f_1 的条件概率。

在食用油生产企业的策略和食用油销售企业的选择给定的情况下，食用油销售企业的理性策略如下：一是当食用油生产企业声明自己的类

型是 f_0 时，食用油销售企业愿意以 $\frac{p(f_0)}{[(1-r)p(f_0)+r]}$ 的概率并以 P_y 的价格进货，以 $\frac{r[1-p(f_0)]}{[(1-r)p(f_0)+r]}$ 的概率选择不进货或当食用油生产企业将价格降至 P_d 时进货；二是当食用油生产企业声明自己的类型是 f_1 时，食用油销售企业将会以 1 的概率按 P_d 价格选择进货。上述条件等式和食用油产销双方的策略选择共同构成了准分离精炼贝叶斯均衡。

通过对食用油产销企业之间的精炼贝叶斯均衡进行分析，我们将会得知，政府规制机构对食用油安全信息不对称进行规制，会对食用油合法生产企业的积极性造成一定影响。与此同时，食用油销售企业有可能误将食用油违法生产企业认定为合法生产企业，不但自身会蒙受损失，而且会助长"逆向选择"行为的发生。因此，政府规制机构应当继续加大对食用油违规生产企业的惩处力度和打击范围，提升食用油生产企业违规生产成本，切实维护包括销售商在内的食用油供应链下游企业的合法利益。但也要注意预防食用油生产企业和食用油销售企业出现"合谋"，达成利益同盟的情况发生，将 c(r)（风险成本）、L（违规生产受到处罚的概率）和 d（罚金函数）统筹运用于食用油市场规制之中，维护食用油市场秩序，保障消费者吃到放心的食用油产品。

四、被规制者和消费者之间的博弈

在食用油供应链上各个环节的企业很多，在这里我们仅选取有代表性的食用油生产加工企业（以下简称食用油企业）作为被规制者与消费者展开博弈。

（一）被规制者与消费者博弈模型的基本设定

（1）假定博弈的双方为食用油企业和消费者。基于"经济人"假设，无论是食用油企业还是消费者都以实现自身利益最大化作为唯一目标。作为营利性组织，食用油企业的利益最大化的最终目标是获取利润；消费者追求利益最大化包括两个方面，一是经济因素，例如食用油产品价格、事故赔偿，等等；二是非经济因素，例如身体健康等。

（2）假定作为被规制者，食用油企业的策略选择为“造假”和“不造假”；消费者的策略选择为“投诉”和“不投诉”。

（3）假定消费者一旦投诉，食用油企业的造假行为就会被发现并被处罚。但是，如果食用油企业的造假行为没有被发现就会获取额外收益，表示为 $C_g - C_b - C$，其中，C_g 是食用油企业在不造假的情况下生产产品的成本，C_b 是食用油企业在造假的情况下生产产品的成本，C 是食用油企业伪装造假产品为优质产品进行出售的成本。如果食用油企业的造假行为被投诉，则其要向消费者支付的赔偿金为 F。在这种情况下，食用油企业造假所获的额外收益变为 $C_g - C_b - C - F$。显而易见，$C_g - C_b - C > C_g - C_b - C - F$。如果赔偿金 F 数额巨大，使得 $C_g - C_b - C - F < 0$，这时食用油企业的造假代价高昂，如被发现，额外收益为负。

（4）假定消费者的打假成本为 D，通常情况下，消费者打假所获收益应该高于打假所付出的成本，即 $F > D$。

（5）假定食用油企业和消费者都是风险中性的，这时博弈双方都会将行动目标定为期望收益最大化。

博弈双方由于存在信息不对称，各自行动具有随机性，这时的博弈只存在混合战略纳什均衡。在这里，我们假设食用油企业的造假概率为 α，消费者的投诉概率为 β。表 3－3 为食用油企业和消费者的博弈矩阵，前一个数字代表食用油企业的收益，后一个数字代表消费者的收益。

表 3－3　　食用油企业与消费者的博弈矩阵

企业＼消费者	投诉	不投诉
造假	$C_g - C_b - C - F$，$F - D$	$C_g - C_b - C$，0
不造假	0，$-D$	0，0

（二）博弈模型的求解

1. 食用油企业的最优造假概率

设消费者的期望收益为 R_β，则：

$$R_\beta = \beta[\alpha(F-D)+(1-\alpha)\times(-D)]+(1-\beta)[\alpha\times 0+(1-\alpha)\times 0] \tag{3.23}$$

对其求微分，得到消费者最优化的一阶条件为：

$$\frac{\partial R_\beta}{\partial \beta} = \alpha F - D \tag{3.24}$$

即：

$$\alpha^* = \frac{D}{F} \tag{3.25}$$

2. 消费者的最优投诉概率

设企业的期望收益为 R_α，则：

$$R_\alpha = \alpha[\beta(C_g - C_b - C - F)+(1-\beta)(C_g - C_b - C)] + (1-\alpha)[\beta\times 0+(1-\beta)\times 0] \tag{3.26}$$

对其求微分，得到消费者最优化的一阶条件为：

$$\frac{\partial R_\alpha}{\partial \alpha} = -\beta F + (C_g - C_b - C) = 0 \tag{3.27}$$

即：

$$\beta^* = \frac{C_g - C_b - C}{F} \tag{3.28}$$

（三）博弈模型结果的分析

（1）由（3.25）式我们可以得到这样的博弈结果：食用油企业会造假且概率为 $\alpha^* = \frac{D}{F}$。显而易见，食用油企业造假的概率和打假成本 D 成正比，和赔偿金 F 成反比。也就是说，如果消费者所花费的打假成本越高，食用油造假企业所支付的赔偿金越低，则食用油企业越有造假的“冲动”，其概率越高。具体分析可知，在 $\alpha < \alpha^* = \frac{D}{F}$ 的情况下，消费者会打假；在 $\alpha > \alpha^* = \frac{D}{F}$ 的情况下，消费者不会打假；在 $\alpha = \alpha^* =$

$\frac{D}{F}$的情况下，消费者打假和不打假没有区别。由以上的分析可知，如果食用油企业造假支付的赔偿金 F 既定，那么消费者的投诉成本 D 越高，食用油企业越有可能在生产中违规造假。

（2）由（3.28）式我们可以得到这样的博弈结果：消费者对食用油企业的造假行为会进行投诉，且概率为 $\beta^* = \frac{C_g - C_b - C}{F}$。在 $\beta > \beta^* = \frac{C_g - C_b - C}{F}$的情况下，食用油企业不会造假；在 $\beta < \beta^* = \frac{C_g - C_b - C}{F}$的情况下，食用油企业会造假；在 $\beta = \beta^* = \frac{C_g - C_b - C}{F}$的情况下，食用油企业造假与否没有差异。由以上分析可知，如果食用油企业造假支付的赔偿金既定，那么消费者的投诉的概率越低，食用油企业造假获得的额外收益越高，其越有可能在生产中违规造假。同理可知，如果赔偿金 F 既定，那么食用油企业造假获得的额外收益越高，消费者投诉的概率越高；如果食用油造假企业获得的额外收益既定，那么赔偿金越高，反而消费者投诉的概率会降低，这说明获取赔偿金不是消费者投诉的主因。分析其原因，主要是打假成本过高，消费者除了吃到假冒伪劣食用油产品蒙受的身心损失之外，在打假过程中还要付出一系列成本，为了得到赔偿金，消费者付出的代价几乎同等，再加上其他消费者“搭便车”行为的存在，消费者往往会无奈放弃打假，这比较符合在我国食用油安全规制中消费者参与较少的现实情况。

五、规制者和消费者之间的博弈

（一）规制者和消费者博弈模型的基本假设

（1）假设食用油安全政府规制机构和消费者即规制者和消费者作为博弈的两个主体，其中消费者作为委托人，其策略有两个，监督和不监督，政府规制机构作为代理人，其采取的策略也有两个，尽职和不尽职。

（2）假设 α 为食用油安全政府规制机构在尽职的情况下所获收益的总和；β 表示消费者采取不监督策略下，食用油安全政府规制机构仍然尽职尽责所获得的社会总体福利水平；γ 为消费者发现食用油安全政府规制机构没有尽到职责，而规制者被迫退出公共部门所付出的代价，即其进入市场的价格；η 表示食用油安全政府规制机构在消费者缺少有效监督的状态下，采取不尽职策略所造成的社会福利水平的损失；λ 表示食用油安全政府规制机构对所属人员的失职（合谋）行为进行有效监管所获得的收益；μ 表示食用油安全政府规制机构未尽职被消费者发觉后，规制者所承受的惩罚和压力；ξ 表示消费者采取监督行为所付出的监督成本。在这里，我们假设消费者对食用油安全政府规制机构实施有效监督的概率为 P_a，食用油安全政府规制机构不尽职的概率为 P_b。食用油安全政府规制机构和消费者之间的博弈矩阵如表 3－4 所示。

表 3－4　　食用油安全政府规制机构和消费者的博弈矩阵

消费者 / 政府规制机构	监督（P_a）	不监督（$1-P_a$）
不尽职责 P_b	$\gamma-\mu$，$\beta-\eta+\mu-\xi$	$\alpha+\lambda$，$\beta-\eta$
尽职责（$1-P_b$）	α，$\beta-\xi$	α，β

（二）求解博弈模型

食用油安全政府规制机构和消费者的期望收益 R_g，R_c 为：

$$R_g=P_b[P_a(\gamma-\mu)+(1-P_a)(\alpha+\lambda)]+(1-P_b)[P_a\alpha+(1-P_a\alpha)] \tag{3.29}$$

$$R_c=P_a[P_b(\beta-\eta+\mu-\xi)+(1-P_b)(\rho-\xi)]+(1-P_a)[P_b(\beta-\eta)+(1-P_b)\beta] \tag{3.30}$$

解得混合策略均衡为

$$P_a = \frac{\lambda}{\alpha + \mu + \lambda - \gamma},\ P_b = \frac{\xi}{\mu} \tag{3.31}$$

（三）博弈模型的分析

由以上公式可以得出，食用油安全政府规制机构履行职责所得到的收益 α 越大，那么其在失职时所受到的惩罚 μ 越严，则消费者履行监督职能的次数就越少；消费者在监督时所花费的成本 ξ 越大，那么食用油安全政府规制机构尽职尽责的可能性就越小，如果食用油安全政府规制机构因不尽职所受的惩罚 μ 越低，则其偷懒不作为的可能性越大。

六、社会中间组织和被规制者之间的博弈

我国食用油行业社会中间组织主要有中国粮油协会油脂分会、全国各级粮油协会、植物油行业协会、木本油料协会、大豆协会、各级消费者协会，等等。社会中间组织的介入属于非强制性第三方治理，鉴于食用油行业的社会中间组织较多，我们选取中国粮油协会油脂分会（以下简称油脂分会）作为代表替代社会中间组织。另外，食用油供应链上的各个环节企业众多，我们选取有代表性的食用油生产加工企业（简称食用油企业）作为代表。所以对于社会中间组织和被规制者之间的博弈，我们重点探讨油脂分会和食用油企业之间的博弈。

（一）社会中间组织和被规制者博弈模型的基本设定

（1）假定油脂分会和食用油企业属于双方博弈行为；

（2）双方的博弈为不完全信息的动态博弈；

（3）博弈双方实现利益最大化的唯一可能是进行合作；

（4）假定 $G = \{N, (S_i), i \in N, (U_i), i \in N\}$，N 为非空集合、$S_i$ 为可行策略的集合、U_i 为油脂分会与食用油企业双方通过合作获得的收益，$X_i \in N \in R$。在博弈模型中，油脂分会和食用油企业可以选择的策略都是合作或不合作。

由此，我们可以得到油脂分会和食用油企业合作的支付矩阵，详见表3－5。在表中我们可以看到，当油脂分会和食用油企业的博弈策略为“不合作，不合作”时，这时二者的收益为 R_0，R_1（R_0，R_1 均大于0）；当油脂分会和食用油企业的博弈策略为“合作，合作”时，二者的收益为 R_2，R_3（R_2，R_3 均大于 R_0，R_1，c 是双方合作产生的成本）。

表3－5　　社会中间组织与被规制者博弈双方的支付矩阵

食用油企业 / 油脂分会	合作	不合作
合作	R_2，R_3	R_2-c，R_3
不合作	R_0，R_3-c	R_0，R_1

（二）社会中间组织和被规制者的博弈过程

在社会中间组织和被规制者博弈的过程中，达成合作的关键是博弈双方能够形成有约束力契约和协议。在这里，我们假定，油脂分会和食用油企业进行谈判，商讨合作事宜，在谈判中，只存在两种协议方案：接受（合作）和拒绝（不合作）。假定在博弈模型中油脂分会和食用油企业谈判仅进行三轮，且在第三轮就能达成最终协议。假定其中一方率先采取行动，提出方案，则另一方仅能在前一方提出方案的基础上选取最优的行动策略，如此往复，最终实现纳什均衡。

油脂分会和食用油企业的博弈过程如下：油脂分会有权在两个方案中进行选择，其中一个方案能够实现自身利益最大化，另一个方案可能使自身蒙受损失；食用油企业在博弈中面临同样的问题。在博弈模型中，随着谈判阶段的增加、时间的推移，谈判费用和相关损失也会不断增加，导致双方收益不断减少。我们假定油脂分会和食用油企业进行合作，其收益为R，每一轮博弈的折扣率为 δ，$0<\delta<1$，并且假定在博弈模型中，只要该折扣率不小于下一阶段的收益，谈判双方都必须接受该

折扣率（见图 3 - 2）。

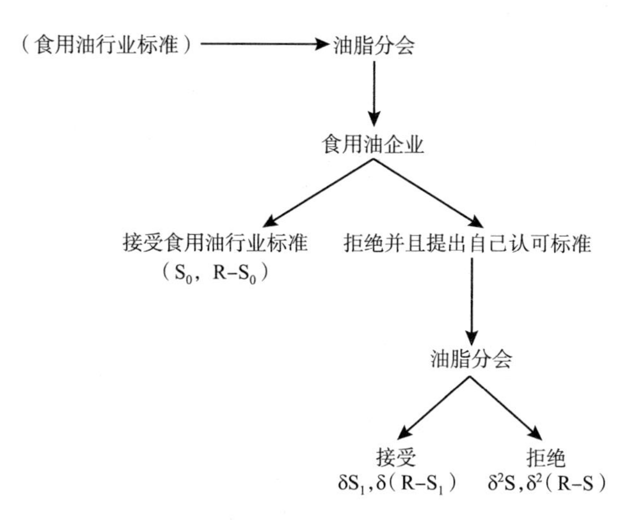

图 3 - 2　社会中间组织与被规制者的博弈过程

由图 3 - 2 可知，在第一轮，油脂分会提出自己的食用油行业标准方案，假定油脂分会从中可获收益为 S_0，则食用油企业可获收益是 $R-S_0$，食用油企业只有两种方案可供选择，或者接受或者拒绝。如果这个方案获得通过，被食用油企业接受，则谈判结束，这时博弈双方的收益分别为 S_0 和 $R-S_0$。如果这个方案被食用油企业拒绝，则进入第二轮，食用油企业从自身利益出发提出行业标准方案，食用油企业从方案中可获收益为 S_1，则油脂分会的可获收益为 $R-S_1$。在这里油脂分会同样只有两种方案可供选择，接受或者拒绝。如果这个方案获得通过，被油脂分会接受，则谈判结束，这时博弈双方的收益分别为 δS_1 和 $\delta(R-S_1)$。如果这个方案被油脂分会拒绝，则进入第三轮谈判，油脂分会提出新的行业标准方案，由于我们假定只进行三轮谈判，则由油脂分会提出的合作协议成为双方必须接受的谈判最终结果，对于双方都具有约束力，否则谈判破裂，合作失败。

在三轮博弈中，油脂分会和食用油企业在各个阶段的各自收益值如下：在第三轮谈判中，油脂分会提出的标的为 S，食用油企业接受，这时油脂分会和食用油企业各自收益分别为 δ^2S 和 $\delta^2(R-S)$。在第二轮谈判中，食用油企业可接受的最小标的为 S_1，根据假设条件，在 $\delta S_1 = \delta^2S$ 的条件下，则食用油企业自身收益为：$\delta(R-S_1)=\delta(R-\delta S)=\delta R-\delta^2S$。由于 $0<\delta<1$，食用油企业在第二轮谈判中所获最大收益要高于第三轮谈判所获收益。食用油企业在第二轮谈判所获收益为：$\delta^2(R-S)=\delta^2R-\delta^2S$。

同理，在第一轮谈判中，油脂分会使食用油企业接受并可使自身获得的最大收益的标的为 S_0，此处有 $R-S_0=\delta R-\delta^2S$，即 $S_0=\delta^2S-\delta R+R$。此时，油脂分会将实现自身收益最大化，这个最大化收益是它在第二轮谈判之后可以获得的最大化收益。同理，食用油企业的收益也是如此，然而油脂分会获得的收益将大于 δ^2S，由于 $0<\delta<1$，所以油脂分会在第一轮的标的为 $S_0=\delta^2S-\delta R$，食用油企业接受这个标的，双方的收益分别为 $\delta^2S-\delta R+R$ 和 $\delta R-\delta^2S$，这时双方达到博弈的均衡。

（三）博弈模型分析

在社会中间组织和被规制者之间的博弈过程中，作为被规制者，食用油企业基于自身利益考量，针对油脂分会制定的行业标准做出利益权衡，若其遵守行业标准会使自身利益受损，则会选择拒绝，这样食用油企业和油脂分会的博弈将会进入下一轮，并以此类推持续下去，直到博弈双方的收益分别为 $\delta^2S-\delta R+R$ 和 $\delta R-\delta^2S$ 时，博弈双方将最终达成具有约束力的合作协议。此时，食用油企业的逆向行为由于受到行业约束将会减少，社会中间组织和被规制者之间会加强合作，并在合作中实现收益最大化。当然，这只是一种理想化的博弈分析，在现实中会受到许多不确定因素的干扰，影响双方的合作效果。

第四章

中国食用油安全规制现状及主要问题

宋人沈括《梦溪笔谈》有言“今人喜用麻油煎物，不问何物，皆用油煎。”作为一种不可或缺的生活必需品，食用油既能提供营养和热量，又能刺激人的味觉，增加口感。中国民众使用食用油的历史弥足久远。北魏贾思勰《齐民要术》记载：“荏子秋末成，收子压取油，荏油色绿可爱，其气香美”。“民之所欲，深动我心”，民众对食用油长期旺盛的需求，刺激了中国食用油产业从产能到技术的长足发展。[①] 中国食用油年人均消费量已经从20世纪90年代初的不足6公斤猛增至22.5公斤。中国已经成为世界上最大的油料生产国、最大的食用油生产国、最大的食用油进口国和最大的食用油消费国。

① 中国最早在东汉时期就生产植物油，刘熙《释名·释饮食》：“柰油，捣柰实和以涂缯上，燥而发之。形似油也。杏油亦如之”。南宋时期，植物油已经成为生活必需品。吴自牧《梦粱录》：“盖人家每日不可阙者，柴、米、油、盐、酱、醋、茶。”明代，民众对植物油的使用更加广泛，并且对制油方法有了较为详细的阐述。宋应星《天工开物》：“凡油供馔食用者，胡麻、莱菔子、黄豆、菘菜子为上，苏麻、芸苔子次之、苋菜子次之，大麻仁为下。”文中还对各种植物种子的出油率和造油法做了详尽叙述，其中有榨法，有两镬煮取法即水代法、磨法、舂法等，基本具备了现代食用植物油的种类及制油方法。清代，原产于南美洲的花生也成为了上好的油料，花生油受到当时人们的欢迎。乾隆年间官修的《续文献通考》中“实业考·油业”记载，其时食用的植物油主要有：大豆类（包括黄豆、青豆、黑豆、褐豆、斑豆）、棉子、花生、芸薹、脂麻、亚麻、山茶、紫苏、蓖麻、油桐、大茴香、胡桃等多种。由此可见，食用油早已成为中国民众日常生活不可或缺的组成部分。

第一节 中国食用油产业发展与市场结构分析

改革开放，特别是近 20 年来，中国食用油产业得到了迅猛发展，产能显著增加，食用油品种不断增多，生产装备技术水平显著提高。与此同时，产能过剩、加工环节利润率下降、市场集中度与进口依存度高、食品安全诸问题始终伴生，并严重影响到产业可持续发展与产业竞争力提升。

一、发展历程

1949 年以来，中国食用油产业发展，如表 4－1 所示，可进一步地细分为 6 个时期：

表 4－1　　中国食用油产业发展历程

时间	发展阶段	发展特点
1949～1978 年	计划经济时期	油品计划供给，产能不足，产业发展缓慢
1978～1989 年	缓慢发展时期	渐进改革，油脂加工环节逐渐市场化，整个行业严格控制
1990～1996 年	行业调整时期	产业管制政策逐渐放松，油品加大进口，供需矛盾缓解
1997～2003 年	快速发展时期	油脂加工企业大量出现，沿海地区产业产能提升
2004～2007 年	产业整合时期	进口油品激增，国内食用油产能过剩，产业加快整合
2008～2011 年	二次发展时期	食用油全产业链加大投入，产能进一步提升，产业集中度加大，全国性优势企业开始出现
2012～2015 年	产能过剩时期	产能过剩，产能利用率不足问题突出，新一轮整合机会出现

二、发展现状与产业发展特征

（1）产业发展迅猛，市场规模日益扩大，技术水平大幅提高；

（2）产品结构不断优化；

（3）产能过剩，行业利润下降；

（4）市场集中度高，寡头市场迅速形成；

（5）进口依存度高，并且产品定价权严重缺失；

（6）食用油安全问题突出。

（一）产业发展迅猛，市场规模日益扩大，技术水平大幅提高

2009 年以来，随着中国政府的产业刺激政策，中国食用油产业迎来新一轮扩张，总产量从 2009 年的 2224 万吨增长到 2014 年的 2989 万吨，年平均复合增长率达 8%。截止到 2014 年，中国食用油产业已经成为一个油脂销售量超过 3000 万吨，销售额超过 3200 亿元的产业。与此同时，如图 4－1 所示，中国居民食用油消费量一直保持快速增长，年平均增长率达到 7.8%。

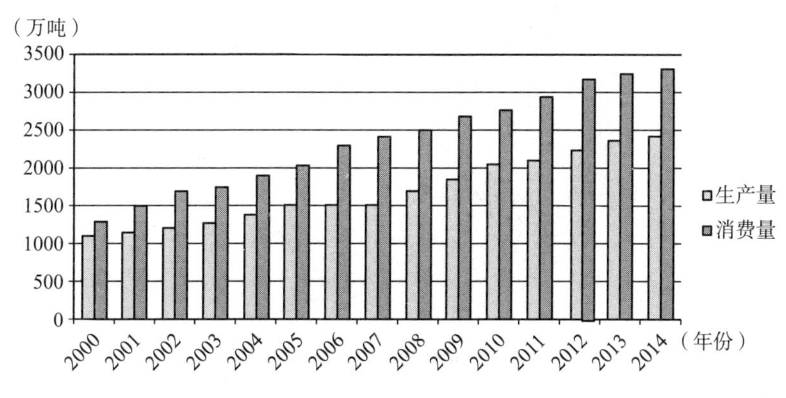

图 4－1　中国食用油消费与生产情况

资料来源：美国农业部统计中心，http：//www. fas. usda. gov/oilseeds. arc. asp。

2014 年中国食用油消费量为 3059 万吨，按 13 亿人口的规模来计

算，人均消费量23.5千克，已经接近中等发达国家水平，食用油的数量和规模得到了空前发展。与此同时，2000年以来，中国各油脂研究所及相关科研单位在广泛吸收外国先进技术的基础上进行二次创新，结合我国实际，研究开发了很多新设备、新工艺和新产品，食用油质量大为提高，植物油中一、二级精炼油占有很高比例，人造奶油、起酥油等高级产品发展迅速，推进了国内食用油脂产业的技术进步，增强了食用油企业的盈利能力，同时满足了人民日益增长的生活需求。中国食用油产业迈入高速发展时期。①

（二）产品结构不断优化

伴随着收入水平的日益提高，人们的消费能力不断提升，我国高品质食用油市场日益繁荣。2014年我国食用油产量高达2434.5万吨。如图4-2所示，一、二级高级食用植物油逐渐成为市场主流，技术的进步带动食用油品种的快速发展，多元化格局日趋明显，膨化食品用油、冰淇淋油脂等产品不断涌现，引领国内市场新需求。

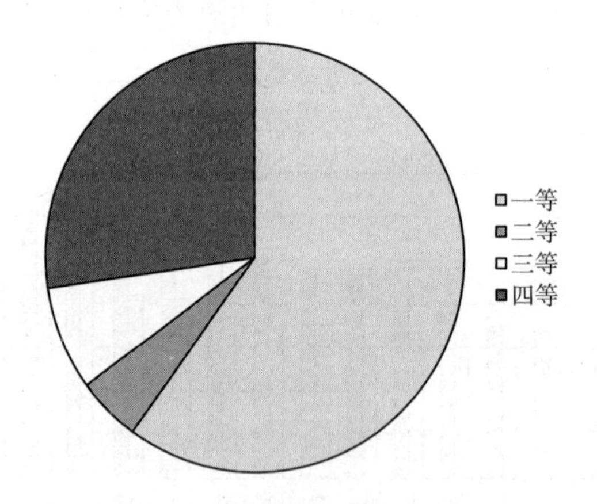

图4-2　中国食用油消费结构分析

资料来源：美国农业部统计中心，http：//www. fas. usda. gov/oilseeds. arc. asp。

---

① 车进、张宏顾、善松：《2014年中国食用油产业报告》，载《粮油市场报》2014年10月16日。

具体而言，随着人民生活水平的提高，健康饮食的概念深入人心，也使得食用油的消费结构出现变化（见图4－3）。

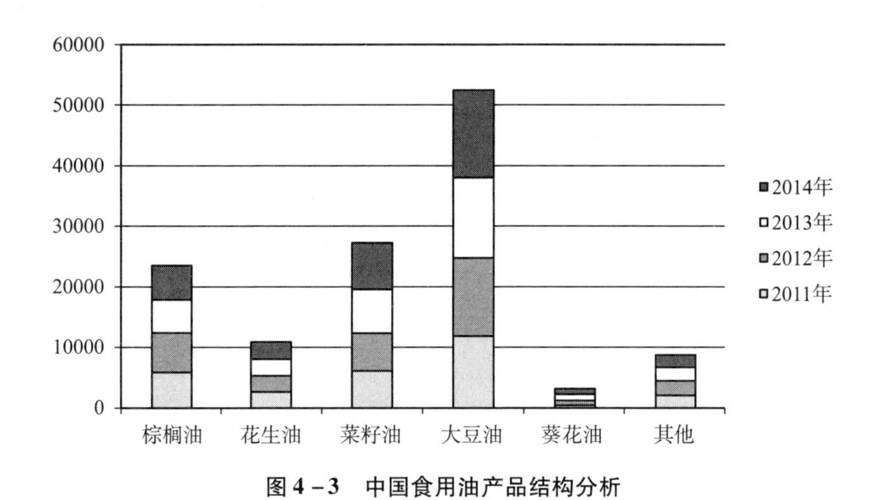

图4－3　中国食用油产品结构分析

从图4－3中可以看出：

（1）中国食用油产量以大豆油、菜籽油、棕榈油和花生油为主，以2014年数据为例，四个品种产量占食用植物油实际总产量的88.5%，其中大豆油产量为1160.2万吨，占总产量的51.7%；菜籽油产量为512.5万吨，占总产量的22.9%；棕榈油产量为181.6万吨，占总产量的8.1%；花生油产量130.5万吨，占总产量的5.8%。

（2）其他油品的产量和所占比重是：玉米油86.2万吨，占3.8%；棉籽油76.8万吨，占3.4%；葵花籽油21.3万吨，占1.0%；米糠油21.1万吨，占1.0%；芝麻油12.7万吨，占0.6%；油茶籽油7.7万吨，占0.3%；其他油脂32.2万吨，占1.4%。①

（3）大豆油消费始终占中国食用油消费的主体地位，而且，大豆油消费比例仍在增加；菜籽油的消费比重正逐年走低，说明大豆油的消

① 车进、张宏顾、善松：《2014年中国食用油产业报告》，载《粮油市场报》2014年10月16日。

费正在替代菜籽油的消费；棕榈油的消费逐渐增加。

进一步的，一方面，中国民众食用油的消费绝对量仍处于高速增长时期，中国平均每人消费量在 23.5 千克，与之相比，美国人均食用植物油消费量在 34.2 千克左右，欧盟人均消费量达 37 千克。中国的人均植物油消费量仍远低于发达国家水平，未来随着“国民收入倍增计划”的实现，油脂消费仍有望继续增长。另一方面，随着民众生活水平的提高，油脂消费的相对量已经呈现下降趋势，从消费收入比率来看，整体油脂的消费比重在下降，五年（2009）之前的消费比重占 19.3%，2014 年已经下滑至 17.3%。与此同时：

（4）小包装食用油的市场占有率和消费者接受度不断提高。

（5）市场多元化需求趋势日益显著，食用油高端、中端和低端细分市场都呈现出良好的发展态势，但是受城乡二元结构影响，城乡食用油消费量和消费水平存在较大差异。

（6）食用油产品种类繁多，个性化消费逐步显现，高中低档产品消费都有较大增长，特别是高档食用油产品增长十分迅速。

（三）产能过剩，行业利润率下降

2008 年以来，随着新一轮扩张，国内食用油加工业规模进一步膨胀，产能过剩明显，加工设备闲置，价格倒挂，整个行业利润率下降（见图 4－4）。

价格倒挂指的是在某一时期内出现商品销售价格低于产品成本的现象。在食用油产业，价格倒挂是指食用油商品的售价低于油料作物的采购成本及食用油加工成本之和的现象，另外还指进口的食用油商品在国内售价低于进口成本价格。

国产油料作物由于受到临时收储政策和成本上升的双重挤压，价格逐年上升。自从 2008 年实行临时收储政策以来，据统计，大豆价格从 2008 年到 2013 年上涨了 24%；菜籽价格从 2009 年到 2014 年上涨了 38%。国产原料的大幅上涨对食用油加工企业形成巨大压力。在这一时期还出现了一些食用油品种售价下跌的情况，据统计，2014 年初到现

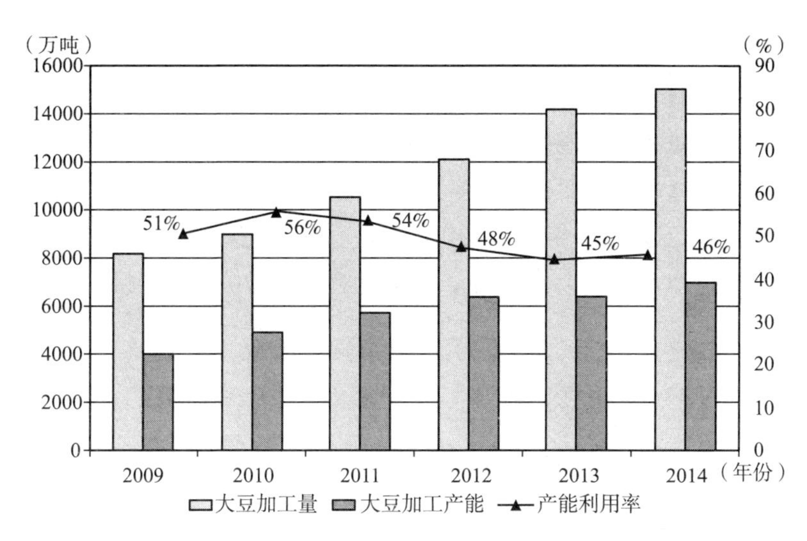

图 4－4　中国大豆产业产能与产能利用率情况

在，豆油、菜籽油、棕榈油等商品售价分别下跌了 17%、21% 和 9%。一方面是原料上涨；另一方面是商品售价下跌，国内食用油加工企业步履维艰。从食用油进口情况来看，形势也不容乐观，国内外价格倒挂现象十分明显，以大豆和棕榈油为例，2014 年豆油进口价格最高时比国内售价高出 1127 元/吨；棕榈油进口价格最高时比国内售价高出 1235 元/吨。

究其长期出现价格倒挂的原因，可以从供求两方面来解释。首先，在食用油供给上，产能严重过剩，食用油及原料贸易融资规模过大；其次，在食用油需求上，随着中国经济新常态的到来，食用油和粕类蛋白消费的增速趋缓。在供给过剩和需求放缓的双重压力下，市场价格长期倒挂、整个行业长期低迷不可避免。

（四）市场集中度高，食用油市场进入寡头竞争格局

受到食用油产业发展前景的吸引，大批新企业进入食用油行业，使得产业规模不断扩大。在迅速发展的过程中，中国食用油产业的市场结构已经发生了深刻变化，一个区域性、充分竞争的油品市场迅速向全国性、寡头竞争市场转变，具有全国性影响的油品巨头迅速形成，并深刻

地改变着市场格局。

由于新的企业不断进入食用油行业，行业竞争日趋激烈，部分油企出现利润微薄甚至亏损状况。食用油市场结构变化很大，特别是小包装食用油市场行业集中度和品牌差异化程度显著提高，同时也增高了行业进入壁垒。经过20多年的市场化经营，食用油市场的集中度已经相当之高。据统计，如图4-5所示，五大品牌的市场份额已经接近80%。

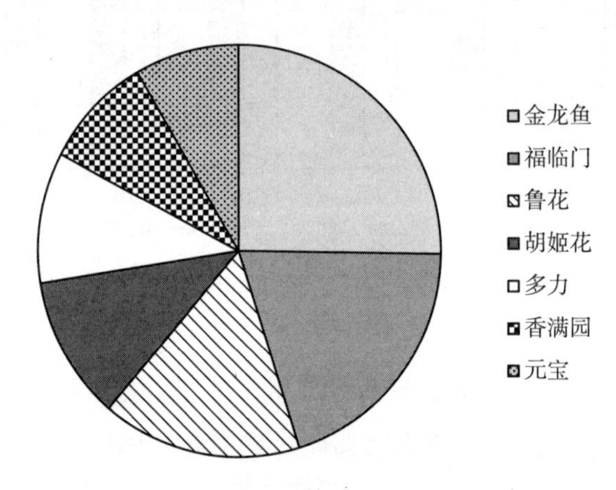

图4-5 中国食用油品牌市场占有率分析

资料来源：中国食用油行业市场调研及市场定位分析报告（2014~2018）。

另一方面，据统计，2014年食用油加工企业中，日加工能力在400吨以上的有309个，虽然只占总数的20.8%，但是这些企业的油料加工能力之和高达9573.8万吨，占行业总能力的73%，这些企业的精炼能力之和高达1965.6万吨，占行业总能力的49.5%。此外，从实际产量来看，按照统计数据，在2010年，食用油加工企业中年产量在10万吨以上的有73家，这些企业的实际产量之和高达1757.2万吨，占入统企业当年总产量的55.7%。[①] 从以上数据，我们可以得出这样的结论：目前，我国食用油加工行业正处于规模化、集约化的高速增长期。

同时，在中国食用油行业，龙头企业并购重组“造大船”的热度

① 车进、张宏顾、善松：《2014年中国食用油产业报告》，载《粮油市场报》2014年10月16日。

有增无减。例如国有最大粮油进出口企业——中粮集团兼并国有大型粮油流通企业——中谷集团，成立新的中粮集团，外资企业丰益国际收购嘉里粮油，成立益海嘉里集团，规模大增，两个企业集团在规模实力上不相上下，基本上形成了“两雄争霸”的局面。在小包装油市场，竞争尤为激烈，其中中粮集团拥有“福临门”、“四海”等多个品牌，市场占有率达到30%以上，益海嘉里集团拥有“金龙鱼”、“胡姬花”、“元宝”等多个品牌，市场占有率高达45%，两个巨头控制了75%的市场份额①。由以上数据我们可以得出这样的结论：在小包装油市场已经形成寡头垄断竞争格局。

（五）进口依存度高，食用油定价权亟待解决

从总体上看，随着我国国民收入水平的提高，人们的食用油消费水平也在不断提高，未来很长一段时间，我国食用油需求刚性增长的趋势不会改变。与之相比，受制于耕地政策18亿亩的红线政策，生产油料的土地资源有限，因此，如图4－6所示，中国食用油消费始终大于自身生产水平，中国是全球最大的食用油进口国。

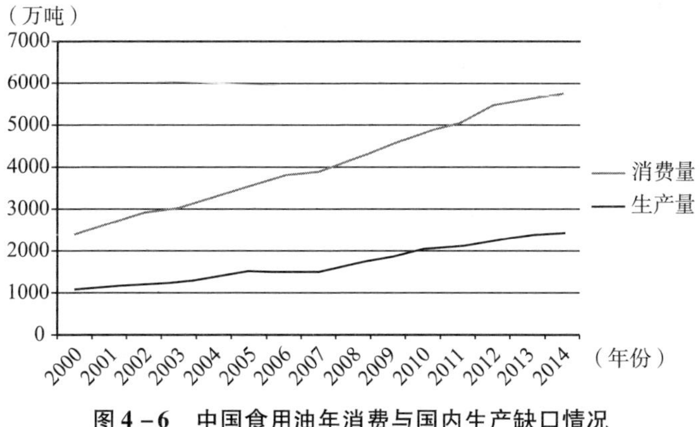

图4－6　中国食用油年消费与国内生产缺口情况

① 《食用油市场集中度》，载《百度文库》，互联网文档资（http：//wenku. baidu. com/view/dbb27274a417866fb84a8ea5. html），2012。

由图 4 -6 可知：2008 年之后，随着中国政府宏观经济刺激政策的出台，中国食用油进口数量不断增加，并呈现持续扩大势头。2014 年，中国进口植物油 3311 万吨，进口油籽 7833 万吨，均创历史新高。大豆是主要进口油籽，2014 年占总进口油籽的 93.7%；棕榈油是主要进口食用油，2014 年占总进口植物油的 66.1%。与此同时，菜籽油、橄榄油进口增速也较快，2014 年进口量同比增速分别达 210% 和 25.9%。

食用油供需缺口不断扩大的严峻现实摆在面前。在国内保证粮食生产红线，油料作物不能与粮争地的大前提下，扩大食用油及油料作物进口成为无奈选择。据统计，2009 年，我国食用油消费总量 2685 万吨，当年进口食用油 971 万吨，占消费总量的 36%。目前进口量还在不断扩大，进口依存度越来越高（见图 4 -7）。中国已经成为全球最大的食用油进口国，而且这种趋势没有减缓的势头，保障食用油供给安全的形势十分严峻。

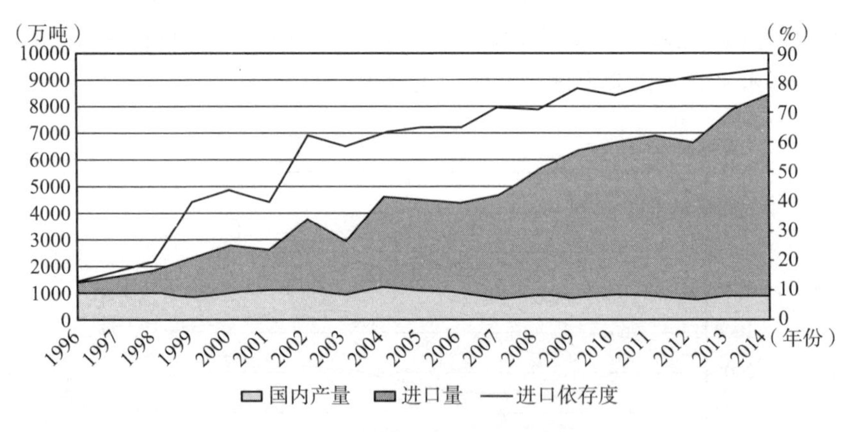

图 4 -7　中国大豆贸易进口依赖度

食用油供需缺口不断扩大给了国外大型跨国粮油集团可乘之机，纷纷进入国内市场，通过参股控股、独资建厂等多种形式，逐步控制市场，形成垄断势力。“ABCD 四大跨国粮商”（美国的 ADM、邦吉、嘉吉和法国的路易达孚）已经控制了国内食用油原料及食用油压榨加工的

75%以上市场。据统计，我国97家大型油脂企业，“四大粮商”已经参股控股64家，占股本总额的66%，国内食用油脂企业已经沦为跨国粮商的“附庸”，中国食用油市场安全令人担忧。①

通过上述研究，我们可以发现，我国食用油供给主要存在以下几个安全隐患：

（1）食用油及油料作物进口依存度过高，并且主要集中在大豆油、大豆原料、棕榈油等几个品种上，进口品种单一，不易规避风险；

（2）过度依赖进口，导致缺乏世界食用油市场定价主导权，只能被动接受，易受国际食用油价格波动的影响；

（3）中国食用油产业缺乏国际竞争力，难以应对国际市场冲击，难以保障食用油供给安全。

（六）食用油安全问题突出

尽管中国食用油产业得到了空前发展，但油品安全问题仍然存在：2000年以来，据不完全统计，中国出现重大的食用油安全事件30余起，食用油安全已经成为关乎国计民生的大问题；与此同时，频繁出现的食用油掺假、食用调和油以次充好和地沟油回流到餐桌等事件的发生，不仅损害人们的身体健康，造成社会恐慌，还会严重扰乱市场秩序，出现“柠檬市场”现象，逼迫诚实守信企业退出市场，整个食用油产业面临前所未有的发展困境，当前，中国除了益海嘉里投资有限公司、中粮集团有限公司、九三粮油工业集团有限公司、中国中纺集团公司、中储粮油脂有限公司、山东鲁花集团有限公司等大型食用油加工企业外，还存在着大量的中小型食用油企业、甚至边远地区还存在作坊式的小加工厂。在中国整个社会都缺乏诚信的大环境中，中小型食用油企业为了自身生存首先考虑的是眼前的经济利益，更有违规生产的强烈动机。这一系列的社会不和谐因素，使食用油产业面临着新一轮的选择——优胜劣汰，同时也为政府提出一个如何对食用油进行规制的新课题。

---

① 葛玉：《我国食用油市场现状及发展趋势》，载《价值工程》2013年第20期。

第二节　中国食用油供应链分析

一、食用油供应链结构分析

食用油供应链是指食用油在生产及流通过程中，涉及将食用油提供给最终用户的所有经济利益主体所形成的网链结构，利益主体包括前端的供应链节点企业以及后端的作为规制者的政府和社会中间组织（行业协会）。

在食用油供应链中，关键在于合理配置物流、资金流及信息流资源，形成联动机制，抓住关键控制点，在满足消费者需求目标的同时，实现供应链运行成本最小化，确保供应链各个环节高效运行，维护供应链整体利益。

食用油供应链的结构模型如图4－8所示。

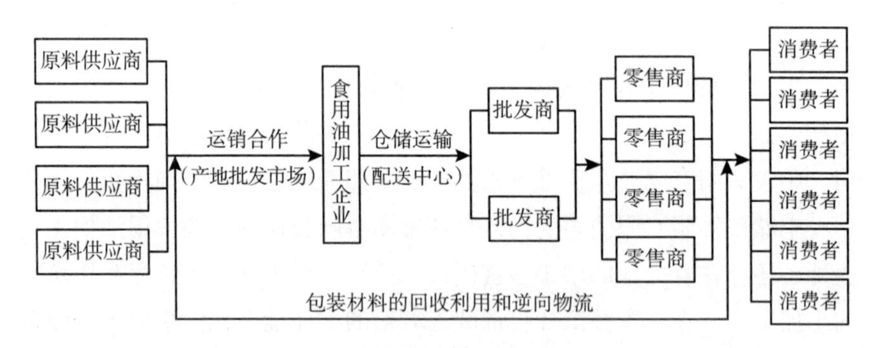

图4－8　中国食用油供应链结构分析

由图4－8可知：食用油行业，特别是油料作物例如大豆、油菜籽、花生等直接来源于农业生产，而且食用油是生活必需品，消费弹性很小，一旦开封，一个月内就要变质，保质期短，日常消费较大，属于快速消费品。食用油供应链和其他行业相比，具有一定的独特性，主要表现在：

（一）对所处环境依赖性很强

既依赖于自然环境，例如食用油原料在种植时，对土地肥沃程度、面积、温度、降雨量、空气质量、日照等都有一定的要求；也依赖于社会环境。

（二）原料及成品流转的时限要求高，涉及环节较多

油料和其他粮食作物一样，具有易腐性、易陈性，为了保证食用油质量，还要注意保鲜，在特定的时限内加工成食用油产品。因此，从油料作物种植、收割、储运保鲜、食用油加工、流通、销售、消费等食用油供应链环节对时间的控制都有严格要求，而且每个环节都有不可预知的潜在危险。

（三）对贮藏场所和运输设备具有较高的要求

油料作物和成品油的储存都需要封闭、防雨、能够控制温度、避免阳光直射的场地。运输也要求封闭的陆运、海运或空运设备，以免受潮，发生霉变，影响食用油质量，国外一些发达国家在油料运输和成品油运输中已经实现了冷链物流，并对储存场所采用了冷控技术。

（四）油料市场具有强不确定性

油料作物的生产季节性很强，在成熟季节和非成熟季节，市场需求弹性和价格弹性较大。另外，中国大豆等油料作物进口比重很大，美国、巴西、阿根廷等产地丰收或歉收，以及政府油料政策对中国食用油产业影响巨大。主要依赖市场反馈信息来做油料储备决策，但由此带来的投机行为具有很大的风险性。

（五）日常消费具有一定的风险性，人们对质量的要求很高

在某种程度上，食用油的质量直接反映了人们生活水平的质量，几

十年来，人们日常生活用油经历了初榨毛油、色拉油、精炼油、绿色营养油等不同的阶段。食用油的质量出现问题往往会引起社会性的不满和恐慌，近几年来的“地沟油”事件、金浩茶油含致癌物质事件、汉香园食用调和油中毒事件等就是例子。食用油供应链脆弱，出现质量问题，不仅当事企业受影响，整个供应链都要受到影响，很难再获得消费者的信赖。

二、中国食用油供应链发展现状分析

（一）种植环节

随着生活水平的提高，人们对食用油的消费需求日益增长，但是油料作物的种植面积却很难获得大幅增长，一方面由于我国耕地面积总量有限；另一方面受制于政策规定，保障粮食供给安全，不准油料作物“与粮争地”。尤其是在2008年以后，我国主要食用油原料大豆的种植面积不升反降。据统计，目前的大豆种植面积与2006年高峰期相比减少了30%以上，特别是大豆主产区黑龙江的种植面积锐减44.7%，降幅最大。其他食用油原料，例如油菜籽、花生、核桃等的种植面积也徘徊不前（见图4－9）。①

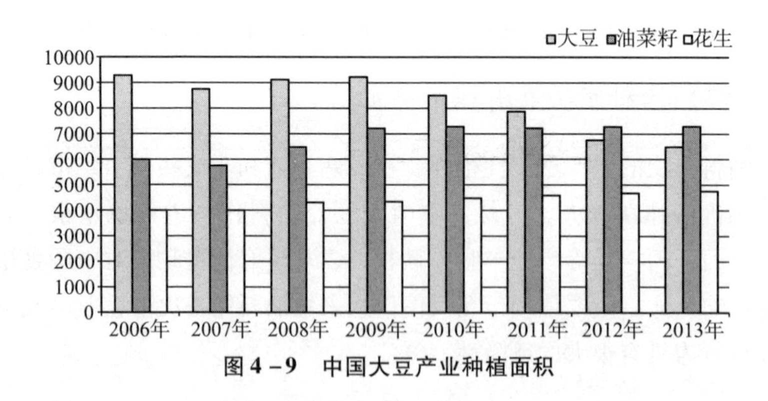

图4－9　中国大豆产业种植面积

① 王瑞元：《我国食用植物油加工业的基本情况和在“十二五”期间应关注的一些问题》，载《中国油脂》2011年第11期。

（二）进口环节

国内食用油需求强劲，供需缺口不断拉大，只能依靠进口来弥补。特别是2008年以后，我国食用油及油料的进口量迅猛增加。据统计，2012年我国大豆进口量高达5838万吨，食用植物油进口量高达843万吨，分别比2011年增加了11.2%和28.8%。需要说明的是，我国目前三大消费食用油脂之一的棕榈油全部依赖进口，2012年进口量为634.2万吨，比上年增加了7.3%。目前，我国大豆依存度高达80%，必须保持高度警惕，按照市场预估，未来中国大豆进口量将维持在7000万吨的历史高位。[①]

（三）加工环节

根据2010年国家粮食局的数据统计，全国进入统计（入统）的食用油加工企业共有1486家。按照日加工能力划分，日加工能力在1000吨以上的食用油加工企业146家，占总数的9.8%；日加工能力低于1000吨高于400吨的食用油加工企业163家，占11.0%；日加工能力低于400吨高于200吨的食用油加工企业344家，占23.2%；日加工能力低于200吨高于100吨的食用油加工企业314家，占21.1%；日加工能力不足100吨的食用油加工企业519家，占34.9%（见图4-10）。

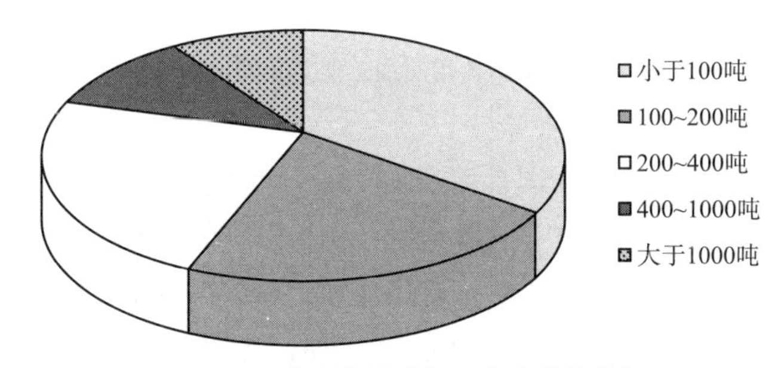

图4-10　中国食用油加工企业结构分析

① 薛朋：《中国食用油产业报告》，载《粮油市场报》2013年10月16日。

由图 4 - 10 可知：（1）日加工能力在 400 吨以上的食用油加工企业 309 家，只占入统企业总数的 20.8%，但是这些企业油料年加工能力的总和高达 9573.8 万吨，占入统企业油料总加工能力的 73.2%，另外这些企业的食用油年精炼加工能力之和高达 1965.6 万吨占入统企业总精炼加工能力的 49.5%。（2）通过数据分析我们可以得知，我国食用油加工行业规模化、集中化的趋势日益显现，加工能力逐步向行业巨头集中。以大豆加工为例，前 10 家食用油加工企业的加工能力之和已经占到总产能的 50% 以上，占据半壁江山。在小包装食用油市场，品牌集中度不断提高，金龙鱼、福临门和鲁花三个龙头品牌的市场占有率高达 50% 以上，寡头垄断竞争格局业已形成。

与此同时，中国食用油区加工能力的区域结构，如图 4 - 11 所示。

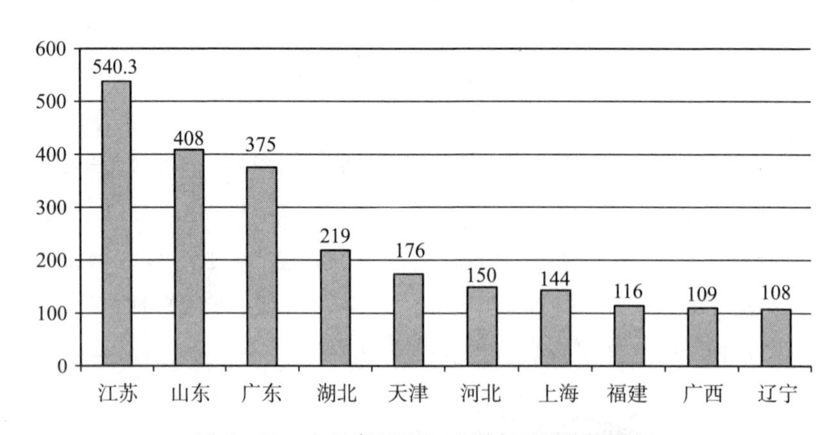

图 4 - 11　中国食用油加工能力区域结构分析

由图 4 - 11 可知：中国食用油加工能力主要集中于东南沿海地区，东北地区，特别是黑龙江、吉林地区，作为中国优质大豆的主产区，加工能力尚薄弱。进一步，在中国食用油加工环节存在严重的结构性产能过剩问题。其中以大豆加工尤为突出，目前，国内大豆年加工能力高达 1.36 亿吨，但每年的实际加工量只有 6000 万吨，不到加工能力的一半儿，企业普遍"吃不饱"，结构性的产能过剩十分严重。外资企业和国有企业"双雄争霸"，以益海嘉里、嘉吉为代表的外资企业大豆日加工能力高达12.4万吨，占据34.8%的国内市场份额；以中粮集团、中储粮集团为代表的国有企业大豆日加工能力达到11.5万吨，占据32.3的国内市场份额，基本上旗鼓相当。产能的盲目扩张加上竞争的日益加剧导致产能大量过剩，设备大量闲置，食用油加工企业开机率不断下降。

（四）消费环节

一方面，我国不同地区之间在食用油消费上存在较大差异。从消费传统上看，按照我国区域划分，东北地区以大豆油消费为主，近年来大豆调和油消费增长比较明显；华北地区主要以大豆油、花生油消费为主，芝麻油的消费增长很快；华东地区主要以大豆油和调和油消费为主，功能保健类食用油的消费量增加明显；华南地区偏爱消费花生油和调和油；长江流域作为油菜籽的主产地主要以菜籽油和山茶油消费为主，西北地区的菜籽油和胡麻油的消费量很大。[①]

另一方面，近些年来我国的食用油消费发生较大改变。最为显著变化的是大豆油的消费逐步占据主流位置，甚至传统上以菜籽油消费为主的长江流域大豆油的消费也在逐年增长，大豆油的消费从北到南、从东向西逐步扩张。另一个显著地变化是人们对食用油的健康消费越来越关注，散装食用油除了个别农村地区基本上已经退出了市场，小包装（瓶装或桶装）食用油占据市场，功能性保健类食用油产品越来越受到消费者青睐，一些高收入人群对橄榄油、玉米胚芽油、核桃油等高端食用油产品的消费量逐年增加。

三、中国食用油供应链发展特点分析

（一）供应链上游供货主体情况复杂，具有较强的不确定性

油料作物的供货大体可以分为国内和国外两个渠道。在国内，农户

① 周振亚：《中国植物油产业发展战略研究》，中国农业科学院博士学位论文，2012年。

构成了食用油供应链上游原材料生产商的主体，其特点是种植规模小而且比较分散；身份属性多重复杂，既有自然人又有法人，既是劳动者又是管理者、决策者；其行为模式也比较复杂，决策时既有理性的一面又有非理性的因素，这与农户所处社会和群体环境以及个人的受教育程度、生活水平、心理预期有很大关系；对市场信息的判断，既敏感又盲目，跟风和盲从现象严重。基于中国农业组织化和专业化程度较低的现实情况，农户生产抗干扰能力较弱，经常受自然灾害、价格信息等因素的影响，增加或减少来年油料作物的播种面积，导致食用油供应链频繁重组，供应链的结构十分脆弱，容易断裂瓦解。在国外，中国食用油供应链上游原材料生产商主要是美国、巴西、阿根廷等国的转基因大豆大农场和加拿大等国的转基因油菜籽大农场，规模经济优势明显，具有很强的定价话语权，通过政府补贴、油料作物期货市场运作，供应链的结构稳定，具有很强的控制力，对中国国内食用油供应链上游原料生产商造成很强的冲击。

（二）供应链中游加工企业集中度较高，核心企业市场力量大，资产专用性强

2004 年以前中国食用油压榨企业以国有和民营为主，规模较小，市场集中度较低。但是 2004 年“大豆期货危机”出现以后，国内食用油压榨企业纷纷倒闭，以美国 ADM、美国邦吉、美国嘉吉、法国路易达孚“四大粮商”为代表的外资企业乘势进入，大量小型油企被收购吞并或被淘汰，市场集中度空前提高，外资企业在市场上优势明显。从压榨量来看，2000 年以前，外资企业不足 9%，而到了 2011 年已经快速上升到 55%，压榨能力占据领先地位；从市场份额来看，2011 年外资企业占据了 65% 的市场份额，国有食用油企业所占市场份额不断减小，情况令人担忧。食用油供应链中游加工企业作为供应链中的核心一环，资产专用性很强，不容易转移，参与供应链管理的热情最高，但也最容易被外国资本控制。

（三）供应链下游分销商数量庞大，结构松散，资产转换灵活

供应链下游分销商直接面对庞大的消费群体，市场成熟而稳定。分销商数量庞大使得食用油供应链中游集中度较高的生产商的选择余地大，处于强势地位，而众多的分销商在利益谈判中往往处于弱势地位。但是，处于供应链下游的分销商也具有一定的渠道优势，在经营中经常组合代理同类产品甚至其他农副产品，而且资产专用性不高，在利益谈判中往往占据主动地位，能够有效维护自身利益。在食用油供应链中，食用油加工企业处于核心地位也最为稳固，处于上下游的原料供货商和分销商都是松散的，随时都有进入和退出的可能，因此，中游主体对上下游主体的利益协调难度相当大，仅仅依靠供应链中游生产商的力量来保证供应链自主平稳健康运行是不够的，还需要借助政府的调控力量。

（四）结构性产能过剩

2011 年以来，中国食用油产能过剩问题日趋严峻，主要有三个原因：

第一，盲目乐观带来的非理性扩张。一些食用油加工企业在市场繁荣时轻松赚得大钱，盲目认为只要继续扩大产能就能赚取更大利润，在产能扩张之后遇到食用油产业危机，遭受巨额亏损甚至破产倒闭或被收购兼并。

第二，出于提前布局考虑，扩大了产能。由于我国食用油消费量持续上涨的势头还将继续延续，出于对未来增长的预期，一些食用油加工企业为了在未来的竞争中保持优势，有日的、有意图地进行扩大产能布局，据统计近五年来大豆年压榨加工量每年递增 11%，预计 2016 到 2020 五年间大豆压榨加工量也能保持 7% 以上的快速增长。[①]

第三，行业竞争呈白热化状态。一是食用油加工企业由于产品比较容易变现，拥有较好的融资能力，容易获得银行贷款，也可通过抵押资产获得银行开具的信用证，以较低的成本使用银行资金购买原料；二是

---

① 陈刚：《中国油脂加工业现状及发展趋势》，载《中国油脂》2012 年第 11 期。

食用油加工企业主要以大宗交易为主，为了争夺市场份额，扩大销量、拓展渠道，常常以低价销售来争抢客户；三是一些食用油加工企业由于盲目扩张，资产负债率较高，为了规避金融风险，防止资金链断裂，往往选择低价出货，特别是在国家实行货币紧缩政策时，这种恶性竞争会更加白热化。

第三节　中国食用油安全规制的历史演进

中国最早的食用油规制，可追溯到1955年。[①] 2009年，时任国务院总理的温家宝在十一届人大一次会议《政府工作报告》中指出，“特别要加强粮食、食用植物油、肉类及基本生活必需品和其他食品生产”。并提出“国际环境变化不确定因素和潜在风险增加，必须充分做好应对国际环境变化的各种准备，提高防范风险的能力”。这是食用油产业的发展问题首次上升到国家政策层面，获得空前重视。通过对新中国成立以来我国食用油规制部门陆续出台的相关政策、规章制度和法律法规的梳理和研究，我们就能够较为明晰的理清我国食用油安全规制的发展之路。

1949年以来，伴随着食用油产业的长足发展，中国食用油规制体制不断发生变化。我国食用油规制体制先后经历了5个阶段：（1）以主管部门管控为主、卫生部门监督管理为辅的食用油规制阶段；（2）经济转轨时期，混合型的食用油安全规制阶段；（3）初具分段管理雏形并

① 1955年，由原轻工业部、地方工业部、商业部、粮食部、供销合作总社共同签订的《关于植物油料加工办法的协议》；1957年，食品工业部门制订了大豆油、花生油、芝麻油、菜籽油、棉籽油的质量标准，这是食用油行业最早的部颁标准；1979年又将部颁标准定为“国家标准”。2003年国家重新修订了棉籽油、葵花籽油、油茶籽油、玉米油、米糠油5种食用植物油国家标准；2004年，国家实施了新的食用植物油国家标准，将食用油按质量由高到低，分为一级、二级、三级、四级4个等级，对不符合标准规定的食用油逐步禁止销售。针对“地沟油”事件愈演愈烈的现状，2010年7月，中国国务院办公厅出台了《关于加强地沟油整治和餐厨废弃物管理的意见》，开展“地沟油”专项整治行动。

以卫生部为主导的食用油安全规制阶段；（4）市场经济条件下分段管理的食用油安全规制阶段；（5）多部门分段监管向集中监管过渡的食用油安全规制阶段。中国食用油安全规制的发展变化是与食用油产业发展和中国经济社会发展相适应的，一直处于不断地探索和变革之中。

一、以主管部门管控为主、卫生部门监督管理为辅的食用油安全规制阶段（1949～1978年）

1949年以前，中国食用油产业基础十分薄弱，榨油设备十分落后，以人工土榨为主，主要是作坊式小油厂。工艺水平低下，工人劳动强度很大，品种单一，杂质多，质量较差，不能满足人们日常生活和食品等行业发展的需要。

1949年之后，政府就将缓和食用油产需矛盾，解决百姓吃油难问题摆在重要议事日程，采取了一系列政策措施。在政务院主导下，1950年3月成立了中国油脂公司，归口贸易部领导，主要业务有食用油国内外销售经营和国内外市场统筹安排。食用油工业企业按属地和归口管理原则分别隶属中央和地方工业部门管理。1960年以后，食用油企业隶属粮食部，由粮食部门统一归口管理。旧中国食用油产业基本上就是一个“烂摊子”，产业布局极不合理，大部分土法榨油作坊、机器榨油工厂和油料原产地脱离，集中在大中城市周边，运输成本、生产成本很高，油料保质保鲜难度较大，食用油安全难以保障。针对这一情况，1958年国务院做出重大举措，强调油料在产地加工的原则，将北京、上海等大城市的食用油加工厂机器设备迁移到油料产地，中小城市的食用油加工厂因地制宜进行了搬迁调整，并在原料产地兴建了一批新的食用油加工厂。到了1961年，食用油产业布局得到改观，食用油加工厂和油料产地结合比较紧密，地区之间食用油生产能力不平衡的现象有所改善。到了20世纪70年代末至80年代初，国有食用油生产企业已经主要分布在县城及县城以下地区，约占80%以上，油料主产省份产业集中度更高，约占90%。这样的布局很好地适应了当时中国经济社会发展状况，主要有三点好处：一是大大节约了油料原材料和成品油的运输成本；二是可以就地解决城乡人民吃油的生活需要；三是食用油加工剩下的边角料还可以用作动物饲料和农田肥料，能够促进农村农畜牧业发展。这一时期，中国成立了专门的食用油生产科研机构，食用油生产技术水平有了较大提高。1965 年，在原粮食部的科研设计院油脂研究室的基础上，成立了西安油脂科学研究所，研究食用油加工设备和生产技术，先后研究成功日处理油料 1 ~ 5 吨和 8 吨等规格的连续螺旋榨油工艺和设备，广泛应用于中小型食用油加工厂。研究出比压榨法出油率更高的浸出式制油法，试制生产和推广了平转型、履带型、拖链型浸出设备。“六五”计划期间，浸出法制油被列为国家 40 项重大推广项目之一。这一时期，新油源的开发利用得到发展，米糠油和玉米胚芽油研制成功并进行加工生产，据统计，1977 ~ 1984 年，全国共计生产了 65 万吨米糠油和玉米胚芽油，这个产量基本能够当时城市居民食用一年。经过 1949 ~ 1978 年近 30 年的发展，中国食用油产业基础得到奠定和巩固。中国的食用油产量从 1950 年的 61 万吨，发展到 1978 年的 177 万吨，增长近 2 倍。

这一时期的食用油安全规制基本上属于以主管部门管控为主、卫生部门监督管理为辅的规制体制，将食用油安全管理限制在食用油企业管理和国家行政管理之内（见图 4 – 12）。在计划经济体制下，食用油的生产和分配带有明显的行政计划色彩，食用油生产企业高度依附于各级粮食主管部门，食用油安全管理的具体工作也是主要由粮食部等部门具体负责。1965 年颁布的《食品卫生管理试行条例》对这种管理体制做了明确规定。该条例是我国第一部国家层面的综合食品卫生管理法规。在该条例中明确规定了，食品生产经营单位以及主管部门在生产和工作中要将食品卫生纳入整体计划，明确机构和人员负责食品卫生工作，卫生部门要担负起食品卫生监督指导的工作职责。并确定了卫生部门在制定相关食品卫生标准时要事先与食品生产主管部门协商的工作机制。在这一时期，食品安全监管权限主要依据食品企业的主管关系来划分，主要由粮食部、各级粮食局等主管部门监管为主、卫生部门监管为辅来进行管理的。

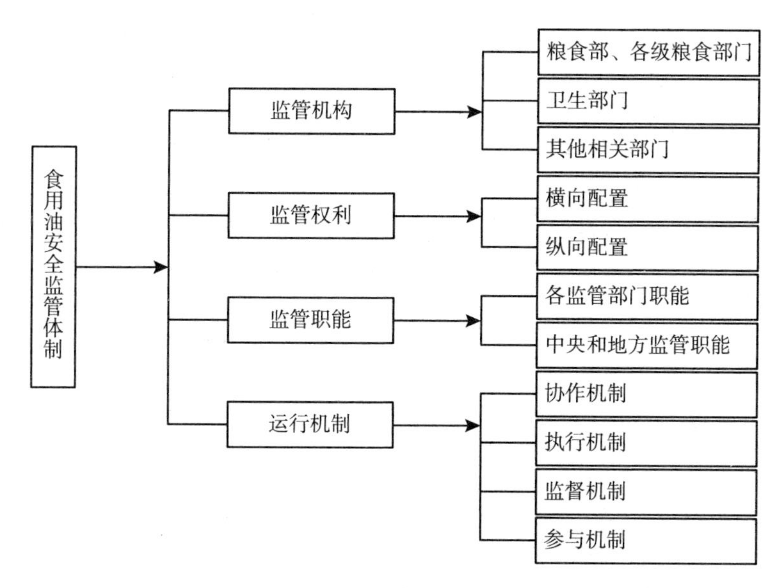

图4－12　改革开放以前我国的食用油安全监管体制

资料来源：根据有关资料整理。

二、经济转轨时期，混合型的食用油安全规制阶段（1979～1992年）

改革开放为食用油产业振兴带来重大机遇——油料产量大幅增加和市场对食用油的需求迅猛增长。中国油料总产量从1978年的533万吨增加到1987年的1528万吨，增长187%，食用油产业的原材料供给大幅增加。生活水平的提高，带动城乡居民对食用油质量的要求逐步提高。食品工业的蓬勃发展对食用油精深加工提出很高的要求，对新型油脂产品的需求比较旺盛。这一时期，国家对食用油产业技术研发投入很大，重点开展了食用油加工设备选定型和国外先进技术设备引进、消化和吸收工作，成效显著。“选定型”攻关工作从1979年开始，由原商业部主持，集中全国各方力量参加，规模空前。主要针对大豆、菜籽、花生、棉籽、葵花籽、米糠、茶籽7种油料研发制油设备，其中心任务是“三定”、“三化”，即“定型、定点、定批量”、“标准化、系列化、通用化”。攻关行动规范了食用油加工设备和工艺，促进了中国食用油加工技术的整体提高。进入20世纪80年代，在国家相关规制部门的推动下，全国兴起了推广食用油浸出技术的热潮，兴办了一批以浸出式制油技术为主的食用油加工厂。浸出法制油技术依据萃取工艺原理，根据油脂和溶剂互溶的特性，使用溶剂浸泡油料，将油脂溶解出来，再利用溶剂和油脂的沸点不同，将沸点低的溶剂排出，就得到了食用油毛油。相对于压榨法，浸出法具有很多优点，例如出油率高、豆粕品质高、易于连续生产、能够降低劳动强度，等等，非常适合大规模自动化生产。[①]但是浸出法不如压榨法那样能够保持原有的营养和纯度，很难满足人们追求食品天然、环保的消费心理。浸出法的推广和应用是在当时中国食用油消费缺口不断扩大，食用油生产力严重不足的现实情况下推出的。北京南苑油厂是当时全国规模较大的油厂，新建成的大型炼油车间可以日产200吨。从瑞典引进的连续碱炼及脱色、脱臭成套设备取得了良好的经济效益，也标志着中国食用油精炼技术达到一个新的水平。在20世纪80年代，中国从世界先进国家引进了几十条精炼油、起酥油、人造奶油生产设备和成套工艺，对中国食用油工业的发展起到了巨大的推动作用。与此同时，国家加强了对食用油产业的规制，走了一条引进和自主研发相结合的路子，严格控制国外食用油加工设备的盲目重复引进。在商务部的领导下，开展国家科技攻关专项，对引进设备进行消化吸收，攻克技术难题20余项，生产成套食用油加工设备119套，熟练掌握了预榨浸出和一次浸出两项工艺技术，并且增加了色拉油、高级烹饪油等食用油新品种，对中国食用油加工行业整体技术的提高起到了重要的推动作用。在此期间，中国食用油产量得到迅猛提高，根据统计资料，中国食用油产量在1979年是214万吨，1982年增长到345万吨，1989年增长到496万吨是1979年的2.32倍，整个80年代，中国的食

---

① 李娜、黄耀江：《植物油浸出技术研究进展》，载《安徽农业科学》2012年第6期。

用油生产得到了迅猛地发展，速度空前。在食用油产业得到迅猛发展的同时，在此期间，行业组织也得到了一定的发展。1985 年，中国第一家食用油行业组织——中国粮油学会油脂分会成立。① 目前，该组织共有 140 个团体会员，学会章程规定，其最高权力机构是会员代表大会，日常管理权归学会理事会，理事会每四年进行一次改选，目前是第七届。该学会下设技术咨询、组织工作、学术交流、科普教育和编辑教育五个委员会和一个专家组，主要工作方向有三个：一是为政府决策服务，及时提供食用油加工行业的新动向、发现新问题；二是促进食用油企业技术革新和管理进步；三是促进食用油科技成果转化，搭建食用油科技工作者与食用油企业的交流平台。学会的工作任务主要有以下几项：第一，定期举办学术交流活动，例如学术年会，每年举行一次，今年是第 24 届学术年会；第二，提供技术咨询、开发和服务活动，为政府决策提供参考和企业发展服务；第三，做好油脂科技基础知识的科普工作；四是为企业和相关人员提供技术培训和专业讲座等。

这一时期的食用油安全规制主要采用的是经济转轨时期的混合型规制体制。80 年代初，随着一系列的经济体制改革，企业所有制形式由单一的公有制向多种所有制结构发展。乡镇企业、私营企业、三资企业的涌入使食用油企业数量迅速扩张，这些企业没有上级主管部门，出现了食用油监管的权力真空，而卫生部的权利和资源有限，无法对非公食用油企业实施有效监管。原有的以食用油主管部门监管为主，卫生部门监管为辅的食用油规制体系受到冲击。在这种食用油行业乃至食品行业普遍存在安全监管缺失的情况下，《中华人民共和国食品卫生法（试行）》应运而生，在 1982 年 11 月颁布实施。该法确立了各级卫生部门在食品及食用油监管中的主体地位。但是，在当时公有制经济仍然是主要力量，所以在 1982 年《中华人民共和国食品卫生法（试行）》中依然保留了食品及食用油主管部门的管理权，负责本系统的食品及食用油

---

① 《中国粮油学会油脂分会介绍》，网络（http：//www. edibleoil. com. cn/html/association/xhjs. htm）。

卫生监督检查工作。在实际运行中大量的卫生监督管理权仍然由各主管部门行使，卫生部门只行使业务指导权，食用油安全监管的权力真空问题没有得到实质解决。到了 80 年代后期，情况更加严重。主要是多年来形成的“统购统销、逐级划拨”的计划模式被进一步打破，国营食用油企业自主权进一步扩大，上级食用油主管部门为了增强所属企业的竞争力放松了食用油安全卫生监管，同时阻挠卫生部门的执法行动，地方保护主义盛行。1982 年《中华人民共和国食品卫生法（试行）》对其他规制部门的权利进行了界定，例如商业部负责粮油产品、副食产品、土特产品等方面的经营及卫生安全；国家技术监督局负责食品及食用油质量标准的制定和执行，这些为以后食用油实行分段监管模式埋下了伏笔。总的来说，在这一时期，我国的食用油安全规制体制具有明显的过渡色彩，是混合型的食用油安全规制。

三、分段管理雏形初现，以卫生部为主导的食用油规制阶段（1993～2003 年）

这一时期，中国食用油产业得到了更为迅猛地发展，中国食用油加工企业的数量和产量得到大幅增长，这主要得益于乡镇企业、三资企业的大规模进入打破了原有的粮食部门油厂独家垄断的局面。据不完全统计，这一时期全国大中小型食用油加工厂共有 3300 余家，由于中国的食用油产业宏观规制作用，这一时期的食用油厂家 80% 以上采用国产设备，日加工油料规模普遍在 200 吨以下，规模经济不明显。只有少数沿海港口城市引进先进的大型食用油加工设备和工艺，日处理能力能达到 1000 吨毛油，多数是合资或外国独资企业。在这一时期，国家大力推广食用油炼油新技术，形成了连续精炼、半连续精炼的成熟工艺，通过科技攻关，专门研发了高酸植物油精炼工艺，生产了高酸植物油专用炼油设备。这一时期，中国食用油加工设备的研发也得到了长足发展，仅各种食用油加工专业设备生产厂家就有 100 多家，可以生产各种食用油专用设备，国内外食用油炼油工艺设备的差异正在逐步缩小。食用油的品种也呈现出多样化的特点，从单一的二级油发展到一级油、高级烹饪油、色拉油、调和油等多个品种。专用食用油例如煎炸油、起酥油、人造奶油等开始进入市场。一些具有保健功能的食用油例如核桃油、橄榄油、玉米胚芽油、米糠油、红花籽油、月见草油等逐步被消费者所接受。食用油产品的多样化也给企业带来了较为丰厚的利润。总的来说，这一时期，中国食用油产业得到了蓬勃发展，是食用油产业的黄金时期，但是在 90 年代末，一些问题和危机逐步显现，当时的全国食用油产业油料加工能力已经达到5000 万～5500 万吨，精炼能力达到1100 万吨，当时的国内食用油总需求大约不到900 万吨，存在一定的产能过剩，又因为当时食用油市场放开，不断有乡镇企业和合资企业的大量涌入，加之这一时期，国内外食用油成品油价格存在较大利差，成品油走私十分猖獗，竞争异常激烈，导致食用油加工企业的设备利用率仅为45%，生产成本居高不下，一些食用油加工企业生产经营难以为继。

这一时期实行的仍是以卫生部为主导的食用油规制体制，但分段管理的雏形已经显现。1992 年召开中共十四大，经济体制改革全面展开，实行价格双轨制，放开了食用油、粮食、棉花等生活必需品价格，实行市场调节。1993 年，在全国人大八届一次会议上，商业部、轻工业部等七个部委被撤销，这意味着食用油等轻工企业从体制上与主管部门分离，政企合一的内部规制模式不复存在。1995 年 10 月，全国人大八届常委会审议并通过了正式的《食品卫生法》，这对于食品安全规制具有里程碑意义。该法明确规定，“国务院卫生行政部门主管全国食品卫生监督管理工作”，以法律授权的形式确立了卫生部在食品及食用油卫生监管方面的主导地位。但是《食品卫生法》监管的范围主要限于流通和餐饮消费环节，随着食品产业链条不断拉长，该法已经不能适应食用油等相关行业的蓬勃发展，需要更多的管理主体进入到食品及食用油安全规制体系之中。在 1998 年的国务院机构改革中，一些部委在食品安全监管上的职能进一步明确，国家质检总局主要负责食品卫生国标的审批颁布以及粮油质量与检测标准的制定等；农业部主要负责对初级农产品实行质量监管，等等。

四、市场经济条件下多部门分段管理的食用油安全规制阶段（2003～2013 年）

这一时期，中国实行的是市场经济条件下分段管理的食用油安全规制体制。但是负责牵头协调的规制主体不断发生变化，2003 年食用油安全规制的牵头负责部门由卫生部改为国家食品药品监督管理局，2008 年由国家食品药品监督管理局改为卫生部，2010 年由卫生部改为国家食品安全委员会领导下的卫生部负责牵头协调。牵头协调部门的不断变化有着深刻的时代背景。

第一次发生变化是因为 20 世纪末、21 世纪初，食品、药品、保健品等行业产品种类日趋纷繁复杂，产品属性难以界定，为了加强整治力度，更好地从专业技术角度加强监管，在 2003 年的国务院机构改革中，国家食品药品监督管理局正式取代了卫生部具体负责食品及食用油安全规制的牵头协调工作。2003～2004 年期间，中国食品及食用油安全事件频发，其中重大食用油中毒事件 4 起。并发生了举世震惊的安徽阜阳劣质奶粉事件，针对不断出现的食品及食用油安全事件，国务院在 2004 年 9 月出台了《国务院关于进一步加强食品安全工作的决定》，正式明确了一个职能部门负责一个监管环节，以分段监管为主，品种监管为辅的安全规制模式。这个《决定》的颁布标志着中国食品及食用油安全规制正式从卫生部门主导的规制体制变为多部门分段规制的体制。详见图 4－13。

第二次变化是因为 2004 年 9 月确定的分段规制模式在实际运行中不断出现问题。首先，食品药品监督管理局是副部级单位，而卫生部等其他部门都是正部级单位，牵头协调的作用发挥受到限制；其次，食药局赋予的权力过大难以遏制腐败，其内部监管频繁出现问题，爆发了郑筱萸事件；再次，由于地方保护主义的存在，地方政府和食用油安全垂直管理机构协调困难，分段管理经常出现监管真空问题。2008 年，国务院考虑国家食品药品监督管理局作为副部级单位协调农业部、卫生部

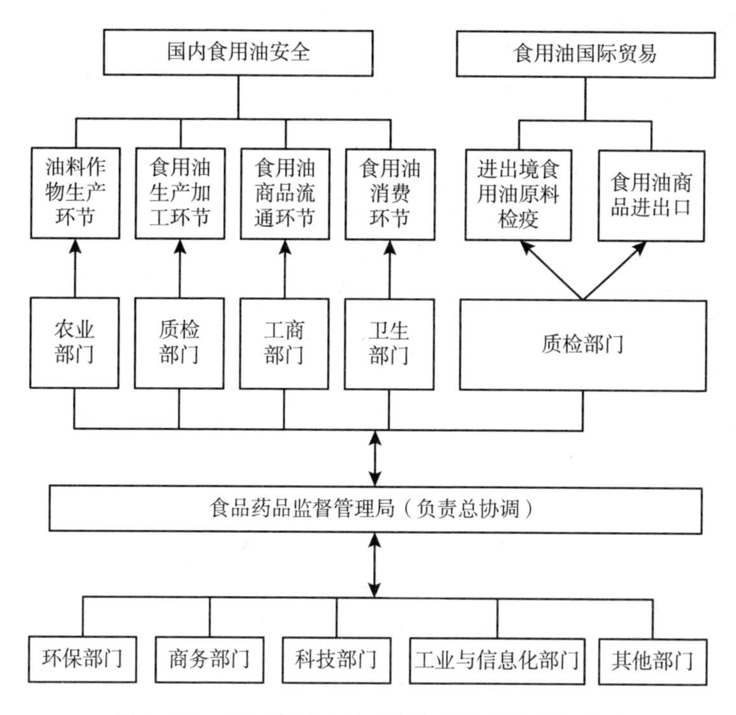

图 4－13 2004 年确立的中国食用油安全规制体制

资料来源：根据颜海娜：《中国食品安全监管体制改革——基于政府视角》，载《求索》2010 第 5 期整理。

等正部级单位体制不顺畅的现实情况，重新确定由卫生部负责食品安全综合协调职责，作为食品安全规制的“牵头部门”。2009 年 6 月 1 日开始实施的《食品安全法》做出三项重大改变：第一，在国务院层面增设国家食品安全委员会，用来协调食品及食用油安全监管工作；第二，由卫生部取代食药局承担食品及食用油安全的综合监督、组织协调和重大事故查处的工作职能；第三，明确规定地方政府对县级以上的食品及食用油安全负总责。《食品安全法》的颁布并没有改变中国食品及食用油分段监管的规制模式，但是希望通过成立国家食品安全委员会这样的权威协调机构以提高食品及食用油安全规制效率。《食品安全法》颁布后的食用油安全规制体制，详见图 4－14。

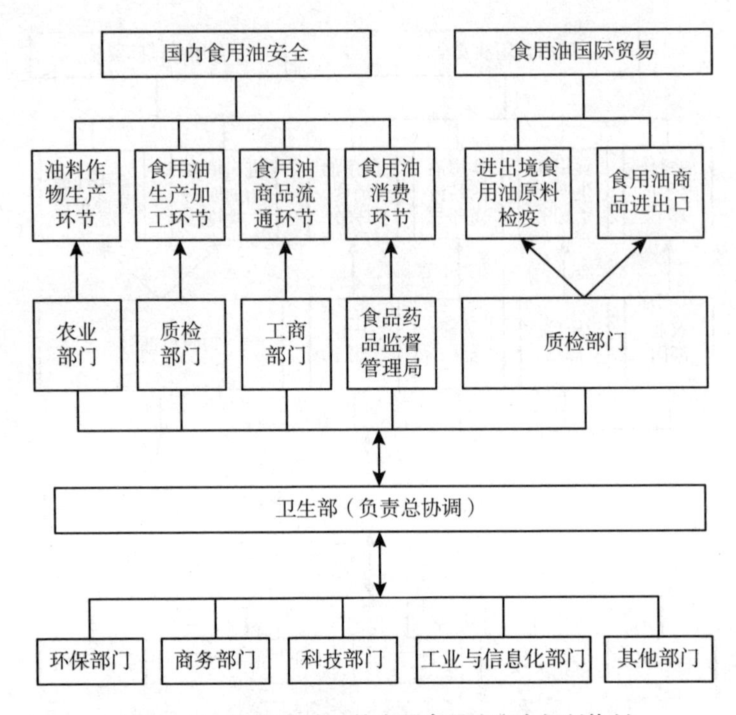

图4－14　2008年确立的中国食用油安全规制体制

资料来源：根据颜海娜：《中国食品安全监管体制改革——基于政府视角》，载《求索》2010第5期整理。

第三次变化是因为“三聚氰胺”事件查处过程中，以卫生部为牵头协调部门的食品安全规制机制存在种种弊端。卫生部与国家质检总局、农业部、国家工商总局等部门同为正部级，是没有隶属关系的平级单位，卫生部在实际工作中难以协调。在2010年2月，食品安全委员会被国务院明确定为国家食品安全最高层次议事协调机构，这也意味着食品及食用油安全规制又向综合协调监管方向迈进了一大步。2010年食品安全委员会成立后的食用油安全规制体制如图4－15所示。

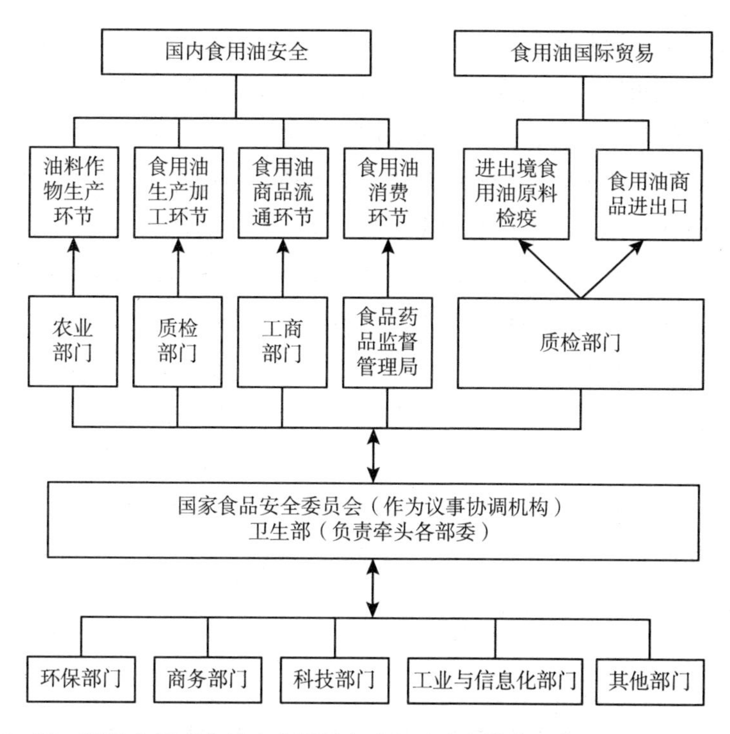

图 4－15　2010 年国家食品安全委员会成立后确立的中国食用油安全规制体制

资料来源：根据颜海娜：《中国食品安全监管体制改革——基于政府视角》，载《求索》2010 第 5 期整理。

五、多部门分段监管向集中监管过渡的食用油安全规制阶段（2013～）

2013 年 3 月国务院机构改革，食品安全规制机构发生重大变革，规制模式进一步趋向集中化。① 在这次改革中，国务院组建国家食品药品监督管理总局（以下简称食药总局），除了原有在消费环节的安全监管职能外，国家质检总局在生产环节、工商总局在流通环节的食品安全

① 《第十二届全国人民代表大会第一次会议关于国务院机构改革和职能转变方案的决定》，载《中华人民共和国全国人民代表大会常务委员会公报》，2013 年。

监管职责统一划归食药总局，同时将工商和质检部门的食品安全监管队伍和检验检测机构划归食药总局，实现了食药总局对食品生产、流通、消费环节的集中监管，迈出了多部门分段监管向集中监管过渡的可喜一步。但是从总体上看分段监管的模式仍然没有改变，食药总局只对食品生产、流通、消费三个环节安全监管负责，初级农产品的安全监管仍然由农业部负责，进出口食品的安全监管仍然由国家质量监督检验检疫总局负责。2015 年 4 月 24 日审议通过的并于 2015 年 10 月 1 日正式实施的新修订的《中华人民共和国食品安全法》以法律授权的形式进一步明确了食品生产、流通、消费环节全过程由食药总局集中监管的安全规制模式，但是初级农产品如油料作物的质量监管由农业部负责、进出口食品的安全监管由质检总局负责的大格局并没有得到改变。2013 年国务院机构改革后的食用油安全规制模式，如图 4 – 16 所示。

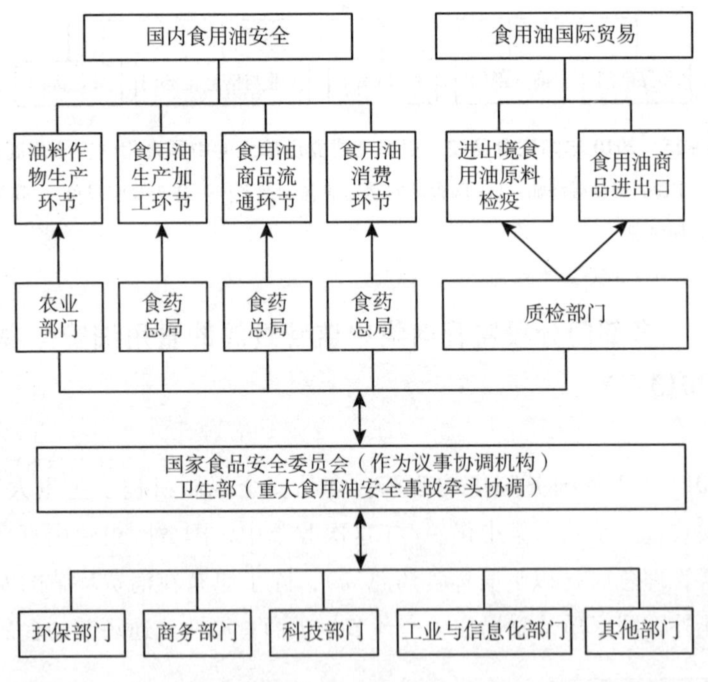

图 4 – 16　2013 年国务院机构改革后确立的中国食用油安全规制体制

资料来源：根据有关资料整理。

第四节　中国食用油安全规制现状分析

为什么需要规制？谁来规制？如何进行规制？这是本文研究和分析中国食用油规制现状，必须思考的问题。按照规制经济学理论，市场失灵是规制的主要原因。就中国食用油市场而言，规制的必要性主要表现在社会性规制层面：一是愈演愈烈的食用油质量安全问题要求政府必须进行规制；二是规范食用油市场秩序要求政府必须进行规制；三是市场主体守法意识和社会道德的缺失迫使政府进行规制。

一、中国食用油安全规制体制现状

在中国，政府是规制主体，有关行业组织、中介组织和社会各界是重要补充。面对食品安全比较混乱的形势，国家下了很大的决心，对食品安全规制进行了一系列改革。2001 年，成立国家质量监督检验检疫总局（原国家出入境检验检疫局和国家质量技术监督局并入该局），其职能涵盖了对食品生产领域的监管职能。2003 年，成立国家食品药品监督管理局，主要担负宏观监督、协调涉及食品安全的相关部委以及查处重大食品安全事故的规制职能。但是作为副部级单位，牵头协调其他部级单位，工作职能难以发挥。2004 年，国务院颁布《关于进一步加强食品安全工作的决定》，明确了农业、卫生、质检、工商等部门的工作职责，并确定地方各级人民政府是当地食品安全的责任主体。由此，中国“分段规制”模式基本形成。2008 年，国务院考虑国家食品药品监督管理局作为副部级单位协调农业部、卫生部等正部级单位体制不顺畅的现实情况，重新确定由卫生部负责食品安全综合协调职责，作为食品安全规制的“牵头部门”。2009 年 6 月 1 日《中华人民共和国食品安全法》正式实施，根据该法，国务院食品安全委员会于 2010 年 2 月 6 日成立。《食品安全法》的颁布和食品安全委员会的成立对于中国食品安全体系和规制体系建设具有划时代的意义。对于中国食用油规制来说，2009 年 6 月以前，中国的食用油安全规制机构主要有卫生部、农业部、国家质检总局、国家工商总局、国家食品药品监督管理局、国家发展和改革委员会、商务部等部门，是典型的分段式的多部门规制，各部门各行其是，相互制约，很难协调一致，总有工作死角。以地沟油为例，在加工环节，查处用地沟油生产的食品由质监局负责。在流通环节，查处无照回收废弃油脂，由工商局负责。在餐饮服务行业，追查散装油来路、废弃油的去向由地方卫生局负责。地沟油污染防治环节由地方环保局负责。畜牧喂养环节，禁止未经无害化处理的餐厨废弃物饲养畜禽，禁止从饲养场获取废弃油脂由地方农业局负责。每个环节除了负责单位，还有工商、质检、农业、城管、卫生、公安、食品药品监督等多个部门配合。看上去每个环节和场所，都有单位管，但管的部门太多了，结果变成了没人管。2010 年 2 月，国务院食品安全委员会的成立，标志着中国食品安全规制模式的改变，由分散性规制转变为集中性规制。其职能主要包括对食品安全的形势分析、工作部署和牵头协调；提出重大规制政策；督促相关部委落实食品安全规制责任等，相关各部委业务工作向食品安全委员会负责。食品安全委员会由时任中央政治局常委、国务院副总理李克强担任主任，回良玉、王岐山两位副总理担任副主任，各相关部委的负责人担任委员，足见党和国家对食品安全的重视。食品安全委员会的成立有效地克服和避免了食品安全职能部门面对问题相互推诿的尴尬局面。确立了国务院食品安全委员会统一管理、卫生部综合协调、相关部委分段管理的规制模式。在国务院食品安全委员会领导下的职能部门涉及食用油安全规制的有 15 个，其中最主要的是国家食品药品监督管理局、卫生部、国家质监总局、工商总局、农业部、商务部、环保总局、教育部，其他部门负责涉及的相关环节的事项。

2013 年 3 月国务院机构改革，食品安全规制机构发生重大变革，规制模式进一步趋向集中化。[①] 在这次改革中，国务院组建国家食品药

---

① 《第十二届全国人民代表大会第一次会议关于国务院机构改革和职能转变方案的决定》，载《中华人民共和国全国人民代表大会常务委员会公报》，2013 年。

品监督管理总局（以下简称食药总局），撤销了国家食品药品监督管理局和单设的国务院食品安全委员会办公室两个部门。这次改革保留了国家食品安全委员会名头，但具体工作由新成立的食药总局来承担。食药总局接管了原有的国务院食品安全委员会办公室和食品药品监督管理局的工作职能，以及国家质检总局在生产环节、工商总局在流通环节的食品安全监管职责，同时将工商和质检部门的食品安全监管队伍和检验检测机构划归食药总局，实现了食药总局对食品生产、流通、消费环节的“一条龙”管理，食品安全规制职能进一步集中。另外，为了进一步实现食品安全监管的有效衔接，在这次改革中明确提出，食品安全风险评估和食品安全标准制定由合并后的国家卫生和计划生育委员会负责，农产品的质量安全监管由农业部具体负责。我国食品安全规制“多龙治水”的格局进一步被打破。

2015 年 4 月 24 日，十二届全国人大常委会第十四次会议审议通过了新修订的《中华人民共和国食品安全法》，并于 2015 年 10 月 1 日正式实施，号称“史上最严”，该法在食品安全规制上的亮点主要体现在以下几个方面，一是突出了“全程监管”理念，在食品生产、流通、消费环节建立最严格的全过程监管制度；二是在法律上明确了国家食品药品监管部门对食品生产、流通、消费环节的统一监管，规制模式由多部门分段监管进一步向单一部门统一监管集中，“多龙治水”的局面有望终结；三是突出了风险预防、风险防范理念；四是建立了严格的食品安全标准；五是对特殊医学用途配方食品、婴幼儿奶粉等特殊食品实行严格监管；六是加强了对网上食品交易的监管；七是加强风险评估管理；八是建立严格的法律责任制度等。

2015 年《新食品安全法》颁布实施以后，我国食用油安全规制部门主要有国务院食品安全委员会、国家食品药品监督管理总局、国家卫生和计划生育委员会、农业部、国家质量监督检验检疫总局等部门。其中国务院食品安全委员会负责食用油安全工作的总的统筹指挥、研究部署食用油安全监管的重大决策；国家食品药品监督管理总局承担食用油生产、流通、消费三个环节的安全监管，并负责食用油安全的综合协调工作；国家卫生和计划生育委员会主要负责食用油安全的风险评估和食用油安全标准的制定工作；农业部主要负责对油料作物的生产环节进行监管；国家质量监督检验检疫总局主要对食用油及油料作物的进出口活动进行监管，等等。食用油供应链的各个环节都有了明确的监控部门。

《新食品安全法》的颁布实施对食用油安全规制带来深远的影响，"全过程监管"理念贯穿始终。但是按照《新食品安全法》第一章第二条第六款的规定："供食用的源于农业的初级产品（以下简称食用农产品）的质量安全管理，遵守《中华人民共和国农产品质量安全法》的规定"，那么油料作物的生产和质量监管仍然由农业部负责；按照《新食品安全法》第六章第九十一条规定："国家出入境检验检疫部门对进出口食品安全实施监督管理"，则油料作物和食用油进出口的质量检验和检疫监管仍然由国家质检总局负责，由以上条款可以看出，多部门分段监管的基本模式并没有得到实质改变，只是监管的职能进一步集中。另外《新食品安全法》刚刚实施，由于滞后效应的存在，在我国食用油安全规制体制、体系中存在的一系列问题不可能在短时间内就得到解决，必须根据食用油行业的特点和实际情况有步骤、有重点的逐步加以修订和完善，这需要时间和过程。

二、中国食用油安全规制体系现状

目前，中国食用油安全社会性规制体系主要是由食用油政策法规体系、食用油安全标准体系、食用油安全监测系统、食用油安全可追溯系统、食用油安全危险性评估系统、食用油安全预警系统、食用油安全应急处理制度等组成。

（一）食用油政策法规体系

中国食用油政策法规体系主要指由国务院及其相关部门制定的涉及食用油产业的规定、办法、准则以及行业规范和条例规章等构成的规范体系。在宏观上主要有：1993 年 2 月《中华人民共和国产品质量法》

(2000年7月修正)、2006年4月《中华人民共和国农产品质量安全法》、2006年8月《卫生标准管理办法》、2009年2月《中华人民共和国食品安全法》(代替1995年10月颁布的《中华人民共和国食品卫生法》)、2009年7月《食品流通许可证管理办法》、2009年7月《流通环节食品安全监督管理办法》、2009年12月卫生部等七部门联合印发《关于开展食品包装材料清理工作的通知》、2010年6月《食品添加剂生产监督管理规定》、2012年6月《国务院关于加强食品安全工作决定》、2012年6月《食品安全国家标准"十二五"规划》等，这些政策法规从宏观层面上对食用油安全进行了规制。

还有一些政策法规对食用油安全进行了直接规制，例如：1988年《食用植物油厂卫生规范》、1990年11月《食用植物油卫生管理办法》(2009年5月废止)、2001年5月《农业转基因生物安全管理条例》、2001年12月《中央储备粮油轮换管理办法》(试行)、2002年4月《转基因食品卫生管理办法》、2003年8月《食用植物油生产许可证细则》、2003年《食用植物油卫生标准的分析方法》、2006年《食用植物油生产许可证审查细则》、2006年《食用油脂制品生产许可证审查细则》、2006年《食用动物油脂生产许可证审查细则》、2008年《食用植物油销售包装细则》、2010年7月，国务院办公厅《关于加强地沟油整治和餐厨废弃物管理的意见》，开展"地沟油"专项整治行动，并责成地方各级政府开展专项整治行动等都直接对食用油安全进行了规制。

(二) 食用油安全规制标准体系

中国在1986年就已正式成为CAC(食品法典委员会)成员国，开始了国内食品标准和国际标准接轨的工作。从20世纪80年代开始制定了一系列食用油国家标准、行业标准、质检标准。例如，一些国家标准，GB 2716 - 1988食用植物油卫生标准(已作废)，现已被GB 2716 - 2005食用植物油卫生标准代替，规定了植物原油、食用植物油的卫生标准和检验方法以及食品添加剂、包装、标识、贮存、运输的卫生要求；GB/T 5009.37 - 1996食用植物油卫生标准的分析方法(已作废)，现已被 GB/T 5009. 37 – 2003 食用植物油卫生标准的分析方法代替，规定了食用植物油卫生指标的分析方法；GB10146 – 1988 食用动物油脂卫生标准（已作废），被 GB10146 – 2005 食用动物油脂卫生标准代替，规定了食用动物油卫生指标的分析方法和检验办法，并对添加剂、加工、包装、存储、运输等提出卫生标准细则。本标准适用于符合检验标准的，采用单一法或混合法炼制的食用猪牛羊油；GB/T 5539 – 2008 植物油脂检验油脂定性试验，规定了植物油脂定性试验的术语和定义、仪器设备、试验步骤和结果判定方法，适用于桐油、蓖麻油、亚麻油、矿物油、大豆油、花生油、芝麻油、棉籽油、菜籽油、油茶籽油、茶籽油、大麻籽油的定性或检出试验；GB/T 17374 – 1998 食用植物油销售包装（已作废），被 GB/T 17374 – 2008 食用植物油销售包装代替，规定了食用植物油销售包装的术语和定义、技术要求、检验方法、检验规则，以及对标志、储存和运输要求，适用于食用植物油包装的生产和销售以及提供给消费者的食用植物油销售包装。还有一些是行业标准，包括，农业标准，NY 5306 – 2005 无公害食品食用植物油，规定了无公害食品食用植物油的要求、试验方法、检验规则、标志、包装、运输和贮存，适用于压榨、浸出工艺生产的无公害食品食用植物油，包括大豆油、菜籽油、花生油、棉籽油、芝麻油、葵花籽油、玉米油、油茶籽油、米糠油等，其他食用植物油可参照执行；NY/T 1598 – 2008 食用植物油中维生素 E 组分和含量的测定高效液相色谱法，规定了食用植物油中维生素 E 组分和含量的测定方法；NY/T 751 – 2011 绿色食品食用植物油，规定了绿色食品食用植物油的要求、试验方法、检验规则、标志、标签、包装、运输和贮存，适用于绿色食品食用植物油，包括菜籽油、低芥酸菜籽油、大豆油、花生油、棉籽油、芝麻油、亚麻籽油、葵花籽油、玉米油、油茶籽油、米糠油、核桃油、红花籽油、葡萄籽油、橄榄油及食用调和油等。食品安全企业标准，Q/KTZ 0001 S – 2011 食用植物油调和油，规定了食用植物油调和油的技术要求、试验方法、检验规则、标志、包装、运输及贮存，适用于以两种或两种以上的植物油为原料，并添加少量的抗氧化剂（特丁基对苯二酚）调配包装制成的食用植物油调和油。另外，还有一些地方标准，例如，DB11/T 985 - 2013 食用植物油单位产品能源消耗限额，规定了食用植物油单位产品综合能源消耗（以下简称单位产品能耗）限额的技术要求、统计范围、计算方法、节能管理与技术措施，适用于食用植物油生产企业能耗的计算、管理、评价、监管。还有一些是质检标准，例如，CCGF 102.1 - 2010 食用植物油脂，适用于国家、省、市、县（区）质量监督部门对食用植物油产品质量的监督抽查，范围包括花生油、大豆油、菜籽油、棉籽油、芝麻油、亚麻籽油、葵花籽油、油茶籽油、棕榈油、玉米油、米糠油、橄榄油、油橄榄果渣油、核桃油、红花籽油、葡萄籽油、花椒籽油、食用调和油。CCGF 102.3 - 2010 食用动物油脂，适用于国家、省、市、县（区）质量监督部门对食用动物油产品质量的监督抽查，范围包括食用猪油、食用牛油、食用羊油及其他食用动物油脂产品。CCGF 102.1 - 2010 食用植物油脂和 CCGF 102.3 - 2010 食用动物油脂都对产品的具体分类、相关术语定义、检验相关依据标准、检验判定准则以及申请异议复检条件等做出了规定。

（三）食用油安全监测系统

中国从中央到地方，食用油安全监测系统已经基本形成。主要分散分布在卫生部、农业部、质检总局、商务部、食药总局等政府职能部门，规制部门很多，成分也较为复杂。按照职能分工和分段管理的原则进行食用油安全的监测工作。我国食用油产业"从农田到餐桌"整条供应链较长而且复杂，对食用油安全的保障要求很高，这就对食用油安全检测技术提出了较高要求，但是从现实情况来看存在不小的难度，一是食用油企业数量庞大、分布分散、规模大小不一，既有现代化大工厂又有手工作坊；二是油料作物品种庞大、来源复杂还有转基因油料作物；三是食用油产业从业人员乃至消费者安全意识淡薄；四是从食用油产品检测自身来看存在检验检测程序复杂、周期较长、对检验设备要求较高、成本较高等实际问题。目前的食用油安全检测方法主要有高效液相色谱法、薄层层析法、近光外光谱法、同位素比值法、近红外光谱法、碘量法、气相色谱法等。

(四) 食用油安全可追溯系统

目前，中国在现行法律法规、行政规章体系中基本明确了食品安全监管应当遵循“可追溯性原则”。2001 年以来，中国逐步开始实施食品安全溯源技术体系。当发现食品存在隐患或产生危害时，可以追根溯源并及时召回，以达到保障食品安全的目的。食品溯源体系建设在中国越来越受到关注和重视，被公认是管理和控制食品安全问题的重要手段，它最显著的特点应该说就是事前防范监管重于事后惩罚。2009 年颁布的《食品安全法》和《食品安全法实施条例》以及 2015 年《新食品安全法》的相关规定亦可看出国家对健全食品溯源体系的坚决态度，目前，中国已开始在食品种养殖和生产加工领域逐渐推广应用“危害关键控制点分析（HACCP）”、“良好农业规范（GAP）”、“良好生产规范（GMP）”等食品安全控制技术，以此来提高食品安全监控水平。食用油安全溯源技术已经开始应用，例如，成都市金牛区就成功进行了食用油溯源体系建设，将食用油进货来源和销售去向、食用油的品牌、产地、规格以及大包装食用油空桶回收处置等信息录入电脑系统，以批次管理为基础，针对原料产地、加工工艺流程、生产企业、产品标识等核心环节提出编码规则，开发设计了食用油产品追溯链，使粮油产品追溯成为可能。

近年来，“危害关键控制点分析（HACCP）”、“良好农业规范（GAP）”、“良好生产规范（GMP）”等食品安全控制技术，已经逐步应用于食用油产业，将有效提高食用油企业素质和产品安全质量。特别是 HACCP 体系，是一种建立在良好操作规范（GMP）和卫生标准操作程序（SSOP）基础之上的控制危害的预防性体系，能够从食用油加工的源头及时识别出所有可能发生的危害，并在科学的基础上建立预防措施。HACCP 体系同样可使油脂企业降低质量管理成本，减少了生产和销售不安全产品的风险。HACCP 体系还可以为生产企业和政府监督机构提供一种最理想的全程的食品安全监测和控制方法，使食品质量管理与监督体系更加完善、管理过程更加科学。

（五）食用油安全危险性评估系统

危险性评估是 WTO 和国际食品法典委员会（CAC）强调的用于制定食品安全技术措施和评估安全技术有效性的重要技术手段，是一项防范危险的事前控制工作，有助于防患于未然。在食用油安全规制决策时，比较通行的办法是，食用油各个安全规制职能部门根据风险评估的结论行使风险管理职能，同时建立风险交流机制，搭建信息平台以供职能部门、食用油企业、社会中间组织和消费者进行风险交流。在 2009 年《食品安全法》颁布之后，2011 年 10 月我国正式成立了国家食品安全风险评估中心，结束了我国缺乏食品安全风险评估专业技术机构的历史。评估中心作为负责食品安全风险评估的国家级技术机构，承担国家食品安全风险评估、监测、预警、交流和食品安全标准等技术支持工作。

（六）食用油安全预警系统

食用油安全预警是对食用油安全状态的专门性预先警告，是食用油安全问题在影响消费者健康或国家、地方政府和企业决策时的预先警示，有利于实现对食用油安全状况的及时有效控制。近年来，中国频发的食用油安全事故，让政府和企业的风险防范意识不断增强，应对能力不断提高，预警研究和预警系统建设得到一定发展，质检总局、卫生部、农业部等都组建了安全预警专家咨询队伍，大部分省份都制定了重大食品安全事故应急预案，辽宁、浙江等省份还组建了重大食品安全事故应急专家库。

（七）食用油安全应急处理制度

中国已经初步建立起来包含食用油安全在内的食品安全应急处理体系，不断健全和完善相关政策法规，例如，中央发布的《中华人民共和国食品卫生法》（2009）、《中华人民共和国产品质量法》、《突发公共卫生事件应急条例》、《国家突发公共事件总体应急预案》、《国务院关于进一步加强食品安全工作的决定》、《国家重大食品安全事故应急预案》，省级发布的《人民政府突发公共事件总体应急预案》和《重大食品安全事故应急预案》，市级发布的《重大食品安全事故应急预案》等等。食用油安全应急处理体系针对事故发生前、中、后三个阶段，建立健全应急管理机制。分段应急机制在每个阶段都应该紧紧围绕信息收集、预防准备、应急演习、损害控制和事后恢复五个环节来进行，并建立应急计划、应急训练、应急感应、应急指挥、应急监测和应急资源管理等系统。①

第五节　中国食用油安全规制存在的主要问题

一、食用油安全规制体制问题

中国食用油安全问题是随着地沟油事件的爆发而逐渐被人们所认识的，但是问题由来已久，只是进入21世纪越发凸显，日益受到人们关注。从我国食用油安全问题出现的情况来看，体制问题是主要问题，多部门规制、社会中间组织发育不完善、缺乏对规制者的监督约束、地方保护主义盛行等制度缺陷造成了食用油安全问题陷入市场失灵和政府失灵的双重困境。

（一）多部门分段规制有硬伤

2004年，国务院颁布《关于进一步加强食品安全工作的决定》，明确了农业、卫生、质检、工商等部门在食品安全监管中的工作职责，我国多部门分段规制模式基本形成。在实际运行中各部门各行其是，相互

---

① 黄雯、金山：《浅谈食品安全应急管理机制建设》，载《新西部（理论版）》2014年第20期。

制约，很难协调一致，总有工作死角。2010 年 2 月，国务院食品安全管理委员会的成立，标志着中国食品安全规制模式由分散性规制向集中性规制逐步转变，但是多部门分段规制的大格局并没有改变，只是通过国家食品安全委员会加强了对食品安全的统一领导。在国务院食品安全委员会领导下的职能部门涉及食用油安全规制的有 15 个，其中最主要的是国家食品药品监督管理局、卫生部、国家质监总局、工商总局、农业部、商务部、环保总局、教育部、其他各部门负责涉及相关环节的事项。2013 年 3 月国务院机构改革，食品安全规制机构发生重大变革，规制模式进一步趋向集中化。国务院组建国家食品药品监督管理总局，职能进一步强化，权利进一步集中，食品安全规制“九龙治水”的格局进一步被打破。2015 年 4 月 24 日审议通过的并于 2015 年 10 月 1 日正式实施的新修订的《中华人民共和国食品安全法》以法律授权的形式进一步明确了食品生产、流通、消费环节全过程由食药总局集中监管的安全规制模式，但是初级农产品如油料作物的质量监管由农业部负责、进出口食品的安全监管由质检总局负责，从本质上说，多部门分段规制的模式依然没有实质改变。

（二）社会中间组织的发展还处于初级阶段

目前，我国食用油行业的社会中间组织主要包括中国粮油协会油脂分会、全国各级粮油协会、植物油行业协会、木本油料协会、大豆协会、各级消费者协会等，社会中间组织的介入属于非强制性第三方治理，其中中国粮油协会油脂分会的影响力最大，具有代表性。从章程我们可知，这些社会中间组织主要的职能集中在以下几个方面，一是起草和制定关乎食用油安全的行业标准；二是制定食用油生产加工技术操作流程；三是对食用油行业产品质量的检验检测流程和技术标准进行规范；四是担负对会员及面向社会进行食用油安全教育培训等工作任务；五是对政府的食用油安全决策进行建议等。从中我们可以看出，这些社会中间组织对会员的权利仅限于建议和监督，很难行使规制权力。相比之下，美国、日本、欧盟等发达国家和地区的食用油社会中间组织的规制职能很强，对会员享有行业准入、行业标准制定、食用油产品质量检验、行业评比、奖励处罚等规制权力。

（三）缺乏对规制者的规制，问责制度不健全

食用油安全规制者在食用油安全规制过程中既是规制政策的制定者又是规制政策的具体执行者，负责对食用油整条供应链各个环节的规制与监管。多部门分段规制的直接后果是，从中央到地方，各级政府规制机构庞大和规制人员众多，依靠法律和自律对这些机构和人员进行约束都存在现实的困难。这样就存在两种可能，一方面作为食用油安全规制的被规制方——食用油加工企业等会有对规制者进行行贿俘虏的冲动，在利益驱使下，规制者有被俘获的可能；另一方面由于地方保护主义等现实问题的存在，规制机构和规制人员存在主动寻租的动机。这两方面因素交织在一起很容易出现规制者和被规制者“合谋”的现象，造成对食用油安全规制的实质性伤害。在食用油安全规制中规制者承担“裁判员”和“运动员”的双重角色必然严重影响规制的效率与效果，事倍而功半。2009 年的湖南金浩茶油致癌物质超标事件出现后，湖南省食用油规制部门没有立即采取规制行动，而是同厂家合谋进行产品的秘密召回，直到媒体曝光才采取实质行动，由于时间上的迟滞，导致 9 吨问题油无法召回。

2009 年 1 月我国颁布了《关于实行党政领导干部问责制的暂行规定》，对规制者的行为有所遏制，以此为标志，可以说我国基本上形成了一套问责机制，但是还存在一定的缺陷，一是关于行政问责的制度大多存在于各个单行的法律法规中，统一性不强，即使是《关于实行党政领导干部问责制的暂行规定》这样的规章也存在太过原则化的问题，使问责效果大打折扣；二是问题出现后政府规制部门承担责任的范围和程度有限，仅限于对具体规制行为和由此行为造成的直接损失进行处罚和赔偿。在实际问责中存在问责力度不够，问责内容不具体等问题，效果不理想。

二、食用油安全规制体系问题

（一）食用油政策法规体系不健全

在我国食用油政策法规体系中存在的主要问题，一是有些政策法规已经不适应当前食用油规制的发展，亟须进一步做好“废、改、立”工作；二是食用油政策法规整体的框架体系不够清晰，系统性较差，需要不断完善、整合；[①] 三是当前一些食用油政策法规存在交叉、矛盾之处，不利于安全执法。例如，2012 年无锡市质监局在例行检查时，发现一家食用油加工企业用工业级助剂加工生产大豆油，这些大豆油成品经过检验是完全达到国家标准的。但是按照我国《食品安全法》（2009）这却是严重违法行为。该法不允许使用非食品原料生产食品也不允许在食品中添加食品添加剂以外的化学物质。但从现实情况看，采用浸出法生产加工大豆油所用的丙酮、正丁烧等萃取剂只有工业级的，食品级的助剂在市场上是买不到的。《食品安全法》和国家标准之间的矛盾，使执法者陷入两难困境，这需要国家规制部门适时做出适当调整。

（二）食用油安全规制标准体系不完善

当前，中国食用油标准体系存在一些问题，一是国家标准、行业标准、地方标准等各个之间存在着矛盾、交叉、重复等问题。在我国 2009 年颁布《食品安全法》之前，食用油各个规制部门依据职能划分分别制定了食用油相关标准和行业标准及地方标准，各规制部门职能划分的重叠交叉必然会带来制定食用油标准矛盾、交叉、重叠的现实问题，时至今日《新食品安全法》（2015）已经颁布实施，有些问题还没有得到实质性的改善，食用油相关标准的更新和统一严重滞后，例如由卫生部负责制定的 GB 2716 –2005 食用植物油卫生标准与国家质量技术监督

① 谢飞：《我国食品安全法现状和完善初探》，载《佳木斯教育学院学报》2012 年第 3 期。

局指定的 CCGF 102.1－2010 食用植物油在酸值、过氧化值、烟点、水分及挥发物等指标存在矛盾冲突，例如一级成品油酸值 GB 2716－2005 的标准为≤0.30mgKOH/g，而 CCGF 102.1－2010 为≤0.20mgKOH/g；烟点 GB 2716－2005 的标准为≥220℃而 CCGF 102.1－2010 为≥215℃；水分及挥发物 GB 2716－2005 的标准为≤0.10%而 CCGF 102.1－2010 为≤0.05%。二是有些重要标准缺失。例如关于食用调和油仅有食品安全企业标准 Q/KTZ 0001 S－2011 食用植物油调和油，至今没有制定国家标准和国家质量检查标准。三是食用油标准制定还需要规范程序、加快进度、保证标准的及时性、科学性。目前在食用油标准制定上往往需要一两年甚至更长，存在周期较长、标准内容严重滞后、老化现象，另外有些标龄过长，例如农业部标准低芥酸菜籽油 NY/T 416－2000，制定于2000年，GB/T 14929.2－1994 花生仁、棉籽油、花生油中涕灭威残留量测定方法制定于1994年，在当时情况下迁就了落后的生产技术水平，已经不能满足现在的实际需要，与当前的食用油生产加工严重脱节。四是中国一些食用油安全标准没能与国际标准接轨，在国际上的可信度值得商榷。当前，做好食用油安全规制标准的主要工作是加强制定标准工作的统一协调机制，并有效与 CAC 国际标准体系接轨。

（三）食用油安全监测系统不健全

现在存在的主要问题，一是检测机构各有各的系统，不能资源共享，出现严重的重复建设、重复检测和检测盲点现象；二是当前中国食用油安全检测标准还不完善，各职能部门的检测结果不能互认，影响政府监管的权威性，不利于建设统一的食用油风险评估预警机制；三是目前中国食用油检测水平还处于低水平阶段，检测项目较少，灵敏度不高，操作繁琐，现场快速检验困难。当前的当务之急是整合现有的检测资源，实现设备资源共享、检测信息共享，最好是将各职能部门按中央和地方同级别、同地区进行重组，共同组建成一个大的检测机构，彻底消除各自为政和重复建设现象。

（四）食用油安全可追溯系统还处于初级阶段

目前我国食用油安全溯源体系存在的主要问题，一是食用油企业对溯源技术体系重要性的认识较浅，甚者认为是额外的负担和枷锁，没有参与的积极性；二是从技术层面来说，我国还没有建立起统一的食用油产品信息化管理和电子标识技术管理平台，很难实现对食用油供应链内每一个节点的完全监控；三是是实施 HACCP 制度的食用油企业数量较少，缺乏适合于国情、按行业区分的 HACCP 制度、指导原则和评价准则；四是在食用油标准体系上还没有与国际接轨，目前 CAC（国际食品法典委员会）、ISO（国际标准化组织）等已经使用的相关法规、准则和技术规范在国内还没有得到应用。

（五）食用油安全危险性评估系统不健全

危险性评估在我国还没有得到应有的重视，在我国食用油产业领域还没有广泛采用，与国际水平相比具有较大差距，难以取得国外食用油生产加工企业的认同。当前，中国亟须建立和完善食用油安全风险评估体系，科学评判食用油中有毒有害物质的暴露量和致病风险，建立规范有效的公共科教宣传渠道，搭建食用油风险传达与交流的公共平台，消除消费者恐慌心理，维护消费者利益，促进经济社会和谐稳定发展。

（六）食用油安全预警系统不完善

当前食用油安全预警系统存在的主要问题，一是投入不足、基础研究不够，这是必须得到加强的问题，否则一切无从谈起；二是监测预警技术装备落后需要加强自主研发和技术引进；三是与食用油安全预警相配套的法律法规还不健全；四是食用油预警信息交流与发布制度不完善，预警信息发布平台比较分散，没能有效整合分散在农业、质检、卫生等部门的预警发布平台，形成统一的全国性平台。

（七）食用油安全应急处理制度运行效果不理想

我国已经初步建立起了食用油安全应急处理体系，从实际效果来看，还是以事后应急处理为主，食品及食用油安全事故一旦发生，各个监管部门经常是事后匆忙应对，极易发生相互推诿和信息交流不畅等问题，既不能满足对食品安全事故有效控制的需要也不能满足公众的期望。当前做好食用油安全应急处理工作的关键是由“被动应对”向“主动预防”转变。

三、食用油供应链存在的问题

（一）供应链上游供货主体情况复杂，具有较强的不确定性

油料作物的供货大体可以分为国内和国外两个渠道。在国内，农户构成了食用油供应链上游原材料生产商的主体，其特点是种植规模小而且比较分散；身份属性多重复杂，既有自然人又有法人，既是劳动者又是管理者、决策者；其行为模式也比较复杂，决策时既有理性的一面又有非理性的因素，这与农户所处社会和群体环境以及个人的受教育程度、生活水平、心理预期有很大关系；对市场信息的判断，既敏感又盲目，跟风和盲从现象严重。基于中国农业组织化和专业化程度较低的现实情况，农户生产抗干扰能力较弱，经常受自然灾害、价格信息等因素的影响，增加或减少来年油料作物的播种面积，导致食用油供应链频繁重组，供应链的结构十分脆弱，容易断裂瓦解。在国外，中国食用油供应链上游原材料生产商主要是美国、巴西、阿根廷等国的转基因大豆大农场和加拿大等国的转基因油菜籽大农场，规模经济优势明显，具有很强的定价话语权，通过政府补贴、油料作物期货市场运作，供应链的结构稳定，具有很强的控制力，对中国国内食用油供应链上游原料生产商造成很强的冲击。

（二）供应链中游加工企业集中度较高，资产专用性强，转移困难

2004年以前中国食用油压榨企业以国有和民营为主，规模较小，市场集中度较低。但是2004年“大豆期货危机”出现以后，国内食用油压榨企业纷纷倒闭，以美国ADM、美国邦吉、美国嘉吉、法国路易达孚“四大粮商”为代表的外资企业乘势进入，大量小型油企被收购吞并或被淘汰，市场集中度空前提高，外资企业在市场上优势明显。从压榨量来看，2000年以前，外资企业不足9%，而到了2011年已经快速上升到55%，压榨能力占据领先地位；从市场份额来看，2011年外资企业占据了65%的市场份额，国有食用油企业所占市场份额不断减小，情况令人担忧。食用油供应链中游加工企业作为供应链中的核心一环，资产专用性很强，不容易转移，参与供应链管理的热情最高，但也最容易被外国资本控制。

（三）供应链下游分销商数量庞大，结构松散

供应链下游分销商直接面对庞大的消费群体，市场成熟而稳定。分销商数量庞大使得食用油供应链中游集中度较高的生产商的选择余地大，处于强势地位，而众多的分销商在利益谈判中往往处于弱势地位。但是，处于供应链下游的分销商也具有一定的渠道优势，在经营中经常组合代理同类产品甚至其他农副产品，而且资产专用性不高，在利益谈判中往往占据主动地位，能够有效维护自身利益。在食用油供应链中，食用油加工企业处于核心地位也最为稳固，处于上下游的原料供货商和分销商都是松散的，随时都有进入和退出的可能，因此，中游主体对上下游主体的利益协调难度相当大，仅仅依靠供应链中游生产商的力量来保证供应链自主平稳健康运行是不够的，还需要借助政府的调控力量。

四、食用油安全规制环境存在的主要问题

中国食用油规制环境主要由消费者维权意识、行业自律水平和社会舆论监督等方面构成。

（一）消费者参与食用油安全规制态度消极

虽然中国在1993年颁布了《消费者权益保护法》，对维护消费者切身权益起到一定作用，通过新闻媒体对“地沟油”等食用油安全事故的披露报道，大家对维护自身消费权益的自觉性有了一定的提高。

但是，从总的来说，广大消费者对包括食用油安全在内的食品安全意识不强，维权意识不高，对防范食品污染、食品中毒态度消极。

笔者在2014年8月，以电话访问和QQ、微信互动的方式对300名沈阳市市民进行了一次“地沟油”民意调查。结果显示，78.2%的人表示买到地沟油会扔掉，不会食用；5.9%的人认为如果问题不严重，会继续食用；只有不到16%的人表示会投诉、索赔。消费者维权意识淡薄，除了消费者自身原因以外，还存在着许多客观制约因素，一是利益表达机制和投诉回应机制严重缺乏。往往是消费者满怀希望多次奔走于相关监管部门，投诉无果，在失落中放弃维权，并在出现类似事件时放弃维权，自认倒霉。例如，引起广泛轰动的金浩茶油事件。2010年2月，江苏质监部门、湖南质监部门多批次检测出金浩茶油高致癌物质苯并（a）芘严重超标，却秘而不宣，在得到网上消息后，金浩茶油的消费者到相关部门反映维权却得不到回应，直到2010年8月，整个事件进一步恶化，媒体进行广泛报导后，在舆论的强大压力下，金浩茶油才实行了产品召回，才对消费者进行了有限的赔偿。让人不禁感叹，中国消费者在维权的力度上是如此薄弱！二是消费者参与食用油安全监督成本很高。食用油品种众多，制造工艺复杂，单凭肉眼很难辨别食用油质量的好坏、是否是“地沟油”、是否掺假、食油调和油的比例是否按说明上的比例配比调和。并且由于投诉的手续烦琐和高昂的送检成本让人望而却步。中国目前的法律体系要求

送检等成本由投诉人全部承担，消费者投诉需要大量的精力、时间和金钱，并且即使投诉成功，其收益也不只有本人获得，无法阻止其他人“搭便车”行为的发生，投诉者个人的努力和获得的收益不成正比，其获得的赔偿远不能补偿其付出的机会成本，特别是产品对人身体造成的伤害。三是消费者参与食用油安全规制还存在诉讼上的障碍。首先体现在诉讼资格上的限制。《行政诉讼法》和《民事诉讼法》都规定原告必须与案件有直接利害关系，其他人等不得提出异议。并且《行政诉讼法》还规定了不能对导致食品安全的非处罚性具体行政行为提起诉讼。其次体现在诉讼的可行性上。按照《行政诉讼法》、《民事诉讼法》和《食品安全法》的规定，由消费者进行举证，而且必须指出明确的被告。但是在食用油生产和消费过程中环节众多，明确举证谁是确定的被告对于缺乏专业知识的消费者来说是诉讼上的大难题。例如，在金浩茶油事件中，消费者有的是因为没有保留消费凭证，有的是因为不能说明自身伤害和食用茶油之间的必然关系，从而起诉困难。

（二）食用油行业参与食用油安全规制的自律水平低下

在食用油行业中，食用油企业是否违规生产主要由企业的供给动机来决定，而企业的供给动机主要受生产规模、管理水平和人员素质等因素影响。

目前，中国除了益海嘉里投资有限公司、中粮集团有限公司、九三粮油工业集团有限公司、中国中纺集团公司、中储粮油脂有限公司、山东鲁花集团有限公司等大型食用油加工企业外，还存在着大量的中小型食用油企业、甚至边远地区还存在作坊式的小加工厂。在中国整个社会都缺乏诚信的大环境中，中小型食用油企业为了自身生存首先考虑的是眼前的经济利益，更有违规生产的强烈动机。此外，行业协会作为政府和企业之外的第三部门，既能起到沟通政府、企业和市场的桥梁纽带作用，又能担当促进行业自律、规范行业行为、保障公平竞争的工作职能。早在1985年，中国就成立了中国粮油学会油脂分会，隶属于中国粮油学会，这是中国食用油行业的行业管理组织，目前拥有团体会员

140 个，下设组织工作委员会、技术咨询委员会、学术交流委员会、科普教育委员会、编辑出版委员会及由 39 人组成的专家组。但总体来看，中国粮油学会油脂分会对食用油安全规制的推动作用还很有限，入会的会员大多是大型油企，大多数中小型食用油企业还是游离于行业协会组织之外，油脂分会自身发育还不十分成熟，在推动行业自律，监督食用油企业违规生产上的作用不明显，与消费者的呼声和社会要求还有不小的差距，还需要政府部门的引导和强力推动。

（三）社会舆论监督现状堪忧

当前，社会舆论监督的主要形式是新闻媒体监督。2015 年新修订的《中华人民共和国食品安全法》第九条第二款对此作了明确规定，“新闻媒体应当开展食品安全法律、法规以及食品安全标准和知识的公益宣传，客观公正报道食品安全问题，并对违反本法的行为进行舆论监督”，以法律授权的形式赋予了新闻媒体对食品安全事件进行舆论监督的合法地位。当今的时代是信息时代，媒体监督的作用越来越重要，往往担当食品安全事件“曝光者”的角色，引发社会舆论的广泛关注，得到政府相关部门重视，最终问题得以解决。例如，金浩茶油致癌物质事件、地沟油事件、丰瑞猪油质量门事件等重大食用油安全事件都是由新闻媒体最先曝光的。新闻媒体作为重要的公共信息平台，包括报纸、广播、电视、网络等多种载体和媒介，已经成为食用油安全规制体系的“重要拼图”，起到重要的舆论监督作用。但是，由于媒体监督有序参与食品安全规制的相关机制还不健全，导致媒体监督得不到相关规制部门的支持和配合，有时由于利益驱动，还会遭到地方政府地方保护主义的干扰，影响舆论监督的顺利进行。另外，从媒体监督的特性来说，喜欢通过“抓热点”来吸引人的眼球，所以就食品安全而言，大多是披露报道违法犯罪案件，而对优质品牌、优秀企业的正面报道和宣传较少。建议将来政府要通过政策引导媒体加大对优质品牌、优秀企业的宣传力度，营造安全生产氛围，提高正规企业诚实生产优质产品的额外收益，发挥媒体监督的“正能量”作用。

第五章

食用油安全规制的国际经验与启示

食用油安全问题一直是国际社会关注的热点之一，这是因为，食用油作为人们日常消费的食品，一旦出现质量安全问题就会酿成重大的社会问题。食用油安全事件不仅给我国，也给其他国家造成严重的生命财产损失，严重危害身体健康，甚至危害到下一代。例如，20 世纪一次最严重的食物中毒事件，发生于 1959 年的摩洛哥。一种含有危险化学品的矿物油被作为食用油来出售。1 万多名摩洛哥人吃下用这种油烹调的食品后，得了麻痹症，终生不愈。1968 年 3 月，日本也发生了一次非常严重的食用油安全事件，发生的地点在北九州市和爱知县，当地的米糠油生产厂家生产管理混乱，误将食用油脱臭用的化学原料混入了米糠油中，并将这种黑色的脏油用做鸡饲料，导致九州、四国等地的几十万只鸡死亡，人食用了这些病鸡后中毒，出现皮疹、指甲发黑、眼部充血直至肝部坏死等症状，造成 16 人死亡，实际受害人数超过 13000 人的恶性食用油中毒事件。① 1998 年 8 月印度发生食用掺杂蓟罂粟油的芥末油造成约 60 名中毒死亡，另有 2000 余名中毒者进院治疗的中毒事件。2013 年 7 月，印度东部比哈尔邦校园午餐食用油中毒事件造成 23 名小学生中毒身亡。还有现在在我国屡禁不止的“地沟油”事件，其

---

① 佚名:《世界八大公害事件》，载《中国城市经济》2008 年第 3 期。

实在20世纪60～70年代也曾在美国、日本、德国等发达国家严重泛滥，等等。可见，食用油安全事件造成的危害之大、影响之深。从国内外经验来看，每一次重大的食用油安全事件的发生都会促动和推进食用油安全规制的向前发展。科学构建和有效运行食用油安全规制体制、体系，塑造食用油市场纯净、透明的安全环境，一直是国际相关组织、各国和社会团体共同努力的目标。尽管不同国家实际情况不同，食用油安全规制的体制体系也不尽相同，但是能够从不同的视角对我国健全和完善食用油安全规制体制、体系提供很好的经验借鉴和启示。

第一节　美国的食用油安全规制

美国是世界上公认的食用油最为安全的国家之一，绝大多数的美国民众对食用油安全持满意态度，这主要得益于美国食用油安全规制体制体系的健全和完善。

一、美国的食用油安全规制机构

美国在保障食用油安全的运行机制方面，采取立法、执法、司法“三足鼎立”，按照权利分工，各自依法管理、相互联动、彼此制约的模式，其食用油安全规制体系比较完善，运行顺畅。作为立法机构，国会制定相关法令并建立全国范围的食用油安全规制机制；作为执法机构，政府相关监管部门遵守国会制定的相关法令，制定和修订部门规章，履行保障植物油安全的各项职责；司法部门行使裁量权，裁决执法部门与被规制者之间产生的冲突。

从具体的食用油安全规制执法来看，美国采取的是“品种监管”的规制模式，对食用油从“农田到餐桌”的全部供应链环节进行严格的规制管理。美国负责食用油规制的机构主要有三个，一个是农业部下属的食品安全检验局（FSIS），一个是卫生和人类服务部下属的食品和药品管理局（FDA），另一个是国家环境保护署（EPA）。三个部门以“品种监管”为主，进行职能划分。食品安全检验局（FSIS）主要对国产和从国外进口的禽畜肉类及一些蛋类产品的安全进行监管，并依法执行相关法律，其中包括食用动物油脂的监管和规制工作。食品和药品管理局（FDA）负责 FSIS 职责之外的其他食品的监管工作，其中涵盖了食用植物油掺假、存在安全隐患、夸大功效宣传、添加剂管理等方面工作。国家环境保护署（EPA）主要维护公众及环境健康，以避免农药造成的危害。在食用油安全方面的规制主要包括，为油料作物生产发放杀虫剂产品许可证，制定油料作物杀虫剂残留限值以及有毒化学物质的管理和研究。除了上述规制部门，还有十几个部门对食用油规制起到辅助作用，例如疾病预防控制中心（CDC）、国家健康研究院（NIH）、经济研究司（ERS）和农业部所辖的动植物健康检验局（APHIS）、农业市场署（AMS）等。详见表 5－1。

表 5－1　　美国联邦政府食用油安全规制机构和规制职能

政府规制机构	规制职能
HHS（卫生部）	FDA（食品药品管理局）负责食品及食用油安全、食用油中农药残留最低限量法规和标准。
	CDC（疫病预防控制中心）负责公共健康监督和传染病的预防。
	NIH（国家健康研究院）和 ARS（农业研究服务机构），负责与食品及食用油安全有关的研究工作。
	CSREES（教育推广服务机构）负责研究、教育、普及项目推广。
	ERS（经济研究司）负责研究、监督、分析食品及食用油食源性疾病支出等问题。
EPA（国家环境保护署）	负责新的杀虫剂及毒物、垃圾等方向的安全，制定农药、环境化学物的残留限量和有关法规，维护公众及环境健康，避免农药对人体造成危害。
USDA（农业部）	FSIS（食品安全检验局）负责确保肉类、动物性油脂、家禽和部分蛋类产品的安全。
	APHIS（动植物健康检验局）负责动植物健康、维护动植物及油料作物免受虫害和疾病的威胁。

续表

政府规制机构	规制职能
USDA（农业部）	AMS（农业市场署）负责经济作物产品等级及标准，以及政府职能标准工作。
	GIPSA（谷物检验、包装和牲畜围栏管理局）负责谷类及油料作物及牲畜营销。
USDC（商务部）	负责进出口商品的管制、进行各科经济调查、社会调查和专利管理等。

资料来源：根据相关资料整理。

美国食用油安全规制实行的是联邦、州、郡县分级规制体制，分别负责所管区域的食用油安全监管工作。自上而下构成了全国性的食用油安全规制体制。在划分食用油安全规制权限时，美国采取“权力适度下放”原则，除了明文规定的权力外，其他权力一律下放地方。联邦政府主要负责进口食用油以及所辖各州之间食用油贸易的安全，除此之外，州与郡县政府监管其辖区的所有食用油产品。州和郡县对辖区内的食用油生产、销售直至饭店等消费场所拥有检查权，禁止在其辖区范围生产和销售不安全的食用油产品。

1998 年，为了进一步集中监管权力、增强各个规制部门之间的合作效率、提高资源利用效率，由美国总统克林顿提出倡议，正式成立总统食品安全委员会，作为最高权力机构行使食品安全监管职能。美国是第一个成立食品安全委员会的国家，对其他国家具有很强的借鉴意义。其特点是代议制，向国会报告工作，其人员组成和机构设置都是美国总统亲自指定的。委员会的成员由农业部、商业部、卫生和公共服务部、科技政策办公室、管理和预算办公室等职能部门的负责人组成。委员会主席由农业部长、卫生和公共服务部长以及科技政策办公室主任共同担任，全面规划美国食品安全规制体系，科学规划国家食用油安全计划和战略，确定重点投资领域，开展食用油安全研究，综合协调食用油安全检查，有效地改变了食用油安全监管权力过于分散的局面，完善了国家食用油安全规制体系。

二、美国食用油安全规制的法律法规及标准

美国食用油相关法律法规和相关标准的制定、修订和完善是伴随着美国食品安全法律体系的确立而逐步形成的，期间历经了100余年的漫长历史过程。美国国会1906年通过并颁布的《纯净食品药品法案》是其历史上第一部综合性和全国性的食品安全法律。美国国会授权农业部负责食品安全监管职责，农业部将《纯净食品药品法案》的执行权授权给化学局（美国食品药品管理局FDA的前身）。法律颁布后，暴露出许多漏洞，食品药品安全事件时有发生，于是，国会在对《纯净食品药品法案》修订的基础上，于1938年通过了《联邦食品、药品与化妆品法》。之后，在1958年和1960年分别通过了《食品添加剂修正案》和《色素添加剂修正案》，确定了食品添加剂和着色剂的安全标准。“9·11”事件之后，美国国会将食品安全保障提高到国家安全的战略高度，在2002年通过了《生物反恐法案》，对食品安全实行从“农田到餐桌”的全过程风险管理，确定食品溯源制度，将先前的“事后治理”转变为“全程监管”。其他重要法律法规还包括2007年《联邦食品药品与化妆品法》修正案，2009年《食品安全加强法案》，这些法律法规是美国食品安全法律法规体系的骨干力量。①

在这些法律法规中，与食用油质量安全相关的主要有：《纯净食品药品法案》、《食品安全保障法》、《联邦食品、药品和化妆品法》、《公共卫生服务法》、《食品添加剂修正案》、《色素添加剂修正案》、《联邦杀虫剂、杀真菌剂和灭鼠》等30余部法案。这些法案中既有《联邦食品、药品和化妆品法》这样的综合性法律，也有《食品添加剂修正案》这样的单行法律。除此之外，在微观上还有与之配套的法规、规章、程序以及指南等构成了完整的食用油安全规制法律法规体系。

---

① 吴强：《论19世纪美国的食品立法》，载《武汉大学学报（人文科学版）》2012年第5期。

（一）《纯净食品和药品法》

这部1906年诞生的法律，有着深刻的历史背景，19世纪后半期，掺假劣质食品、合成食品横行一时，严重危害人们的身体健康，人们要求立法规制的呼声很高。就食用油来说也出现了严重的安全问题。具体包括以下几个方面：一是存在严重的造假和以次充好行为。南方联邦的农民将棉籽卖给棉籽油公司，棉籽油公司压榨成棉籽油后添加防腐剂和调味品，冒充“进口的纯净橄榄油”在市场上销售，牟取暴利。而棉籽油具有很强的毒性，可造成男性生精细胞损害，导致睾丸萎缩，长期不育，女性出现月经不调或闭经以及子宫萎缩；二是在食用油中大量添加对人体有害的化学物质。例如，在腐坏变质的黄油中加入含有致癌物质的除臭剂，在除去异味后继续在市场上销售。在食用猪油中加入作为防腐剂使用的生石灰和明矾。生石灰具有较强的腐蚀性，明矾是一种有毒的添加剂，被人食用后，不能排出体外，在体内永久沉积，其毒副作用主要表现为严重损坏大脑细胞，造成脑萎缩，对人的智力发育有着较大影响；三是食用油脂生产车间的环境令人作呕。例如，美国记者阿普顿·辛克莱在1906年出版的小说《丛林》中这样描述了芝加哥市帕克镇达哈姆畜产品加工厂：“工厂里待加工的生肉成堆地堆在地板上，比人还高，如果你伸手在肉堆的顶部抹一下，老鼠屎就会噼里啪啦的掉下来；为了对付成灾的老鼠，生产车间到处摆放着毒鼠用的药饵，毒死的老鼠遍地都是，工人经常把死老鼠和生肉一起扔进绞肉机；人们早已习惯在肉腚上走来走去，甚至直接在上面吐痰；库房里的牛油由于存放太久已经变味，不能食用了，工厂经过融化、去味工序，又送到市场销售，回到餐桌；一个工人不小心滑进炼猪油的沸腾大锅里，无人知晓。过了几天，那个工人只剩下骨架，其余的和猪油一起送到市场上销售了”。[①] 四是合成油脂泛滥，危害人们的身体健康。例如被人们评为人

---

① 张翼、白丁：《记忆餐桌保卫战——美国的食品安全保护伞》，载《world vision》2007年。

类历史上最大的食物灾难性事件的“氢化油”（人造黄油，1869年由法国人梅热·莫里埃发明），在当时的美国以其廉价的优势泛滥成灾。人造黄油含有大量的反式脂肪酸，能够导致人体动脉硬化、血液黏稠、引发糖尿病、心脏病、影响婴幼儿生长发育和中枢神经系统发育。当时美国的有识之士纷纷站出来进行谴责，有人甚至将人造黄油行业归结为“罪恶行业”。1886年美国出台了《人造黄油法案》，对人造黄油行业课以重税，从而有效遏制了人造黄油行业的迅猛发展。美国19世纪中后期出现的林林总总的食用油安全事件引发了严重的社会问题，和其他食品安全事件一道催生了《纯净食品和药品法案》的诞生。

（二）以《联邦食品、药品与化妆品法》为主体的现行法律法规体系

1938年颁布的《联邦食品、药品和化妆品法》被称为美国食品药品规制历史上最为重要的一部法案，该法有效弥补了1906年法的缺陷，构成了今天美国食品药品法律的基本框架，一直沿用至今，是此后出台的《公众卫生服务法》、《食品质量保障法》等一系列法律法规的基础，这些法律法规构成了美国食品安全的规制体系，明确了指导原则，细化了操作程序，做到了有法可依，强化了对食品安全各个环节的监管。

《联邦食品、药品与化妆品法》的颁布有其深刻的历史背景。一方面，随着时代的进步，经济的发展，1906年颁布的《纯净食品和药品法》越来越不能适应食品规制的要求，另一方面，美国经济表面的风光之下却危机四伏，1929年美国“股灾”发生，往日的繁荣一去不返，美国30年代的大萧条时期来临了。人们生活水平急剧下降，无力购买往日所消费的食品和日常生活用品。生产商为了牟利，费尽心机生产一些食品的替代品（即仿制品），具有相同或相似的外观，但用比较便宜的原料生产，同时削减了在食品卫生上的投入，成本减少，价格降低，例如这其中就有“花生酱”是花生油的替代品，“色拉酒”被当作“醋”来使用，“种类繁多的酱”是各种口味果酱的替代品。食品造假问题再次沉渣泛起，各方力量要求进一步进行食品药品规制的呼声很

高，其中，新政开始，联邦政府起到主导作用，公众的响应较为热烈，新闻媒体起到了推动作用。食品规制部门 FDA 的公关策略举办“恐怖之家”的展览让普通民众更加了解《纯净食品和药品法》的缺陷和当前食品药品的真实情况。1937 年“万应灵药”事件更是成为新法制定和颁布的导火索。田纳西州布里斯托市的马森基尔公司将未经临床检验的抗菌素“万应灵药”直接推向市场，该药对肾脏具有强烈的副作用，结果导致 100 多人被折磨致死。在各种力量的共同作用下，国会通过了《联邦食品、药品与化妆品法》。美国国会在 1958 年对该法案进行了第一次大规模修订，其目的是为了适应当时包括食用油安全在内的食品安全日益严重的安全形势。2009 年，美国对该法案进行了第二次大的修订，其起因是一起花生油的“替代品”——花生酱的污染事件。当年 1 月份，美国本土一家公司生产的花生酱感染了沙门氏菌，导致 9 人死亡。“花生酱事件”发生后，美国公众严重质疑食品安全监管制度和 FDA 的工作能力。美国《2009 年食品安全加强法案》的很多内容涉及食用油安全规制，第一，加强了食用油企业的登记管理力度，规定食用油企业要按有关规定缴纳规费；第二，加强了对食用油企业的检查力度，不配合 FDA 检查的食用油企业，其产品将被视同“掺杂”产品；第三，加强了对第三方检验和认证机构的管理力度，FDA 将定期或不定期进行检查；第四，加强了对食用油企业的风险控制，要求所有食用油企业必须实施产品防护计划；第五，加强了食用油商品的召回力度，法案规定，FDA 可以无条件地对进口食用油商品进行单方面扣压检查；第六，加强食用油原产地标注的管理力度，法案规定，没有标注最后加工地的食用油商品将被视为“错误标签”商品，不准上市销售。

（三）美国“地沟油”防治的措施和法规

美国每年使用消耗的食用油超过 11 亿升，却很少发生“地沟油”事件。除了美国民众环保和食品安全意识较强外，其主要原因是美国政府严格高效的监管措施和法律法规。一是美国法规要求科学处理餐厨垃圾。美国法规要求餐馆和家庭厨房安装厨房废物粉碎机，不太油腻的餐厨废物垃圾通过粉碎机打碎后从下水道排出；对食用油含量高的餐厨废物垃圾要求装入由回收公司准备的带锁的专门收集桶内，由专门公司进行回收。这些回收公司必须取得经营许可证，并且具有专门的运输、回收和加工设备才能经营。在源头上有效控制了地沟油的产生。二是美国法规严格，违法成本十分巨大。餐馆如果私自销售废弃食用油，而不是卖给专门公司，一旦被发现，将被停业，严重影响生意和声誉。对违法加工利用废弃油脂的企业和个人一旦被发现查处，不但倾家荡产，还会有牢狱之灾。三是美国法规要求职能部门对废弃油脂回收过程进行全程跟踪干预。环保部门对餐馆排出的污水成分和数量全程追踪检测，并以此核定污水处理费的征收，餐馆违规排放废弃油脂将面临巨额罚款。

三、美国食用油安全规制的运行机制

目前，美国在食用油安全规制的运行机制上形成了一套较为完备的制度体系，主要包括认证体系、信息披露体系、食用油召回制度、风险评估与管理体系、从“农田到餐桌”的全程监控体系、率先实行 HACCP 监管模式、有关的教育培训机制，等等。其中比较完善和值得我国借鉴的机制包括食用油召回、风险分析与管理体系、从“农田到餐桌”的全程监控体系等方面。

（一）食用油召回制度

该制度是指食用油生产商或销售商在发现食用油产品存在缺陷，有损消费者身体健康时，按照法定程序向政府规制部门报告并及时通告消费者，在市场和消费者手中回收问题食用油产品，无偿进行更换或者进行赔偿，从而消除相关风险的制度。美国负责食用油召回的规制部门主要有两个，食品安全检疫局（FSIS）负责动物性食用油脂产品的召回；食品药品管理局（FDA）负责植物性油脂产品的召回。美国食用油召回有着严格的法律程序，第一是企业报告。食用油的经营商在发现油品在生产、进口或销售时存在安全问题，应在 24 小时内向 FDA 或 FSIS（根据油脂特性不同）报告，是否需要召回由专家委员会决定。第二是制订召回计划。一旦被确认需要实施食用油产品召回，企业要完成三项工作，一是停止食用油生产、进口或销售，商品下架；二是根据危害等级、销售区域和数量等因素制定食用油召回计划；三是食用油召回计划的具体实施。主要包括以下内容：第一，由 FSIS 或 FDA 在官方网站上发布召回新闻稿；第二，由企业在大众媒体上发布经官方批准和认可的详尽的食用油召回公告；第三，在官方监督下，企业召回问题食用油，进行销毁或更换；最后是对消费者进行补偿。美国在食用油召回上积累了一些成功经验，包括充分发挥了政府职能部门在食用油召回上的主导地位，实现了企业自愿召回和政府强制的有机结合；形成了完善的食用油召回法律法规体系，分级严格、操作规范；政府职能部门具有完善的检测制度和高标准的技术检测手段；由于隐瞒风险巨大，在食用油召回上实现了企业的诚信自律。美国 FDA 食用油产品召回程序详见图 5－1。

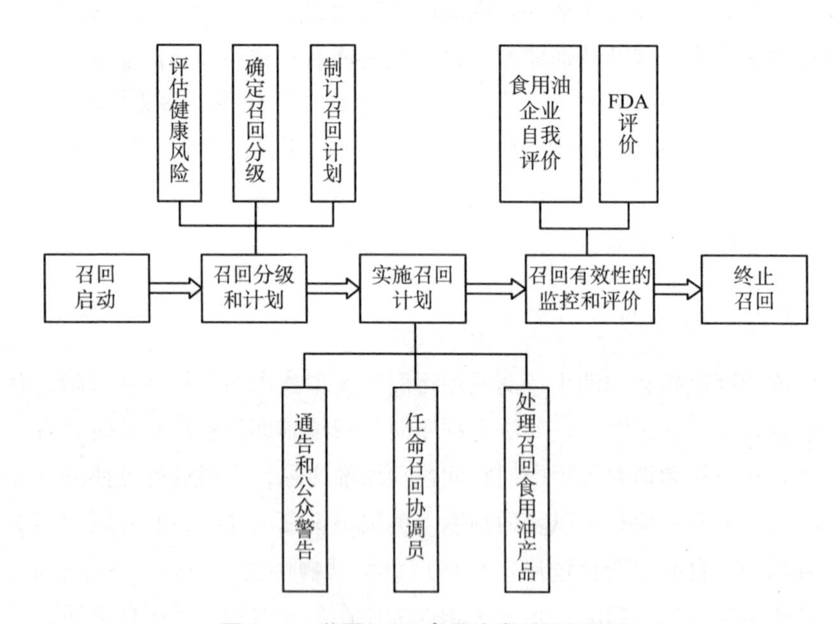

图 5－1　美国 FDA 食用油产品召回程序

（二）食用油风险评估与管理机制

美国对食用油安全预防性措施十分重视，其基础就是危险性评估分析。美国总统比尔·克林顿在 1997 年要求建立联邦机构之间的食品安全危险性评价协会，发展食品安全的危险性预报模型，加强联邦机构在食品安全危险性管理的联动机制。食用油风险评估的实质是通过运用科学手段对食用油产品进行检验，查看是否具有不利人类健康的因素，并对这些因素的性质、特征、范围、时间、危害程度进行分析。食用油风险管理就是在风险分析的基础上制定一系列的规定和标准。例如在美国率先实行的风险分析和关键控制点制度（HACCP）就是食用油风险管理的重要手段，有助于用户提前认识可能发生的食用油安全风险，采取有效措施加以防范。风险信息交流与传播在食用油风险评估与管理中具有重要作用。主要表现在，食用油风险信息的发布和传播能够让消费者提早预防，保护大众健康不受侵害；通过食用油风险信息交流与传播可以有效提高食用油风险分析和管理的确定性和实效性；有助于发挥大众的集体智慧和群体力量，共同防御食用油安全风险。美国联邦政府风险评估联盟组织结构详见图 5－2。

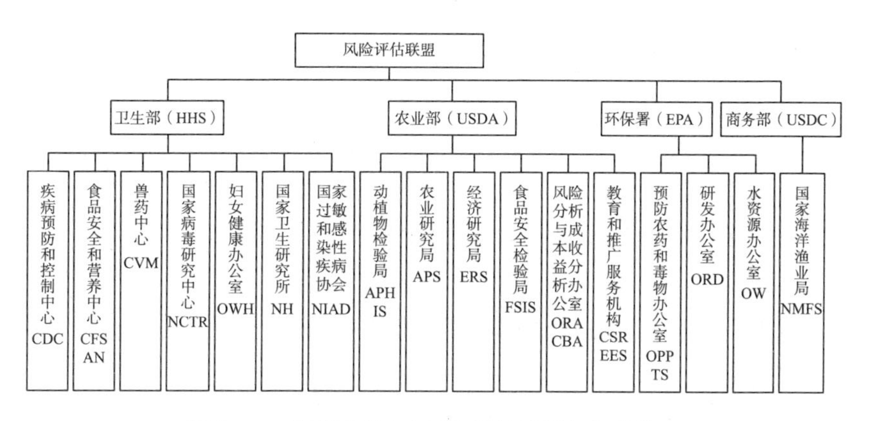

图 5－2　美国联邦政府风险评估联盟组织结构图

（三）“从农田到餐桌”的全程监控机制

美国对食用油安全监管实行的是全过程、全方位的监控。美国的食用油安全监管从“从农田到餐桌”各个环节的责任主体都十分明确，这需要归功于美国的监管模式，以品种监管为主的模式发挥了巨大作用。在美国，食用油监管主要由美国农业部（USDA）下属的谷物检验、批发及畜牧场管理局（GIPSA）来负责，其他职能部门协同负责的多部门综合监管体系。由 GIPSA 具体负责与食用油有关的所有生产活动包括种植、生产加工、销售、进出口等的监管，“一竿子管到底”，从而避免了监管真空，确保了监管活动取得实效。

第二节　日本的食用油安全规制

作为当今世界食用油安全规制体系最为完善的国家，日本国民对本国食用油安全的信任度较高。尽管在 20 世纪 60 ~ 70 年代日本也发生过食用油安全事件，例如 1965 年的神奈川县油炸食品中毒事件、1968 年的米糠油污染事件，但是日本民众对食用油安全的担忧却很少，其主要原因是，人们在长期的生活实践中培养了对本国食用油安全的信任和信心，这种信任和信心归根结底来源于多年来日本建立的一套行之有效的食用油安全规制体系。

一、日本的食用油安全规制机构

日本食用油安全规制水平较高，规制机构的设置较为合理，以三个部门最为重要，分别是后生劳动省、农林水产省和食品安全委员会。日本和我国在食用油规制机构的设置上具有诸多相似之处，都是农业、卫生、环保等多个部门的协同规制。深入研究日本的食用油安全规制机构，对我国具有较高的借鉴意义和参考价值。我们要从日本食用油安全规制职能部门权力分配和协同协调的视角，对日本食用油安全规制机构的设置进行系统研究。

（一）厚生劳动省

作为日本食用油安全规制的主要部门，厚生劳动省的规制职能主要有：制定和修订食用油添加剂、农药残留的国家标准；食用油进口商品的安全检查；食用油流通过程的安全监管；通过媒体或自身网站通报食用油产品安全监管信息；食用油相关政策出台时收集民众意见和建议，并向相关部门反馈和交换意见。

在厚生劳动省中与食用油安全规制有关的部门主要有三个：

一是食品安全部，其隶属于厚生劳动省的医药食品局。食品安全部在食用油安全规制中的主要职责为确保食用油安全，保障民众的生命健康权；具体制定和修订食用油产品、食用油添加剂及农药残留的国家标准，对食用油整条供应链体系进行规制指导；建立交互平台，促进与民众的沟通与交流，与食用油安全规制相关主体进行信息交流等。食品安全部下辖规划信息、基准审查及安全监督三个科室。这三个科室各有分工、协调配合，规划信息科的职能分工是：肩负食用油安全综合协调的工作职能，承担风险沟通与交流的工作职责，具体负责食用油进口的相关事务，协同相关部门对海港、航空港内的船舶、飞机以及附属设施进行卫生检查。基准监察科的职能分工是：各种食用油国家标准的制定和修订，包括农药、兽药残留标准、添加剂标准、卫生标识标准、营养标识标准以及具有保健功能的食用油标准的制定与监管。安全监督科的职能分工是：负责食用油加工成品的认证，食品卫生监督员的管理和服务，对食用油卫生不达标产品进行依法取缔，对食用油安全事故进行预警和处理，负责实施食用油 HACCP 体系等。食品安全部的隶属关系及构成详见图 5－3。

二是食品卫生监督员。分为国家和地方不同级别，其中国家级的食品卫生监督员级别较高，在厚生劳动省内的公务员中产生，由大臣直接委任。都、道、府、县等地方各级食品卫生监督员由地区长官在其职员

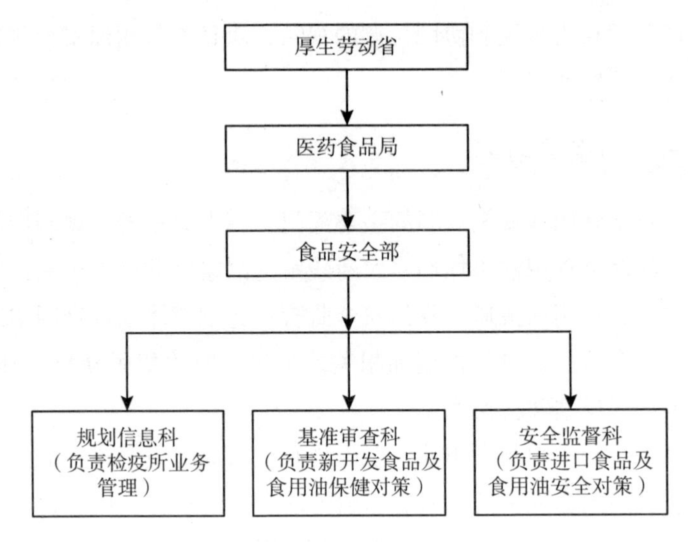

图5－3　食品安全部的隶属关系及构成

中选拔任命，隶属地方公务员序列。国家食品卫生监督员在食用油规制中的职能分工是：在航空港、海港检疫所工作，对进口食用油进行卫生监管；认证地方厚生局监管的食用油综合制造过程。地方卫生监督员在食用油规制中的职能分工是：审批食用油加工企业营养许可证；监管食用油加工行业的卫生状况；对食用油安全事件展开实地调查；对民众进行食用油安全的教育培训和知识普及工作。

三是药事—食品卫生审议会。该会隶属于厚生劳动省，成立于2001年4月，其委员由厚生劳动大臣直接委任，其任职资格为该领域的专家学者，学识经验丰富，一般为兼职。药事—食品卫生审议会下设两个分会——药事分会和食品卫生分会。其中食品卫生分会具有食用油安全规制职能，其主要职责是，为厚生劳动大臣科学行政、科学决策提供咨询服务，在下列情况下，厚生劳动大臣要征求食品卫生分会的意见：一是禁止食用油产品销售或者取消禁止；二是对食用油添加剂是否有害进行鉴定；三是负责食用油及添加剂标准的设定；四是负责食用油标识标准的设定。食品卫生审议分会是厚生劳动省的咨询机构，厚生劳动大臣对其进行咨询属于法定程序，仅供决策参考。综上，厚生劳动省进行食用油安全规制如图 5 -4 所示。

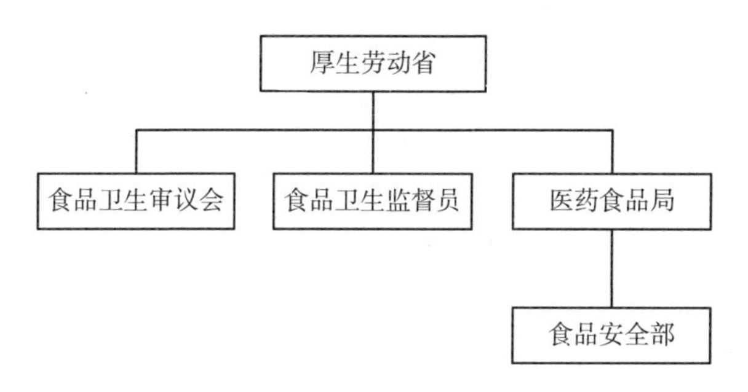

图 5 -4 厚生劳动省食用油安全规制有关部门

（二）农林水产省

农林水产省是食用油安全规制的主要组织机构，具体担负食用油风险管理、保障食用油及其衍生产品卫生安全的重要职责。

在农林水产省中与食用油安全规制有关的机构主要有三个：

一是消费安全局。该局成立于 2003 年 7 月，原来隶属于农林水产省的产业振兴部，其独立设置的目的在于进一步强化食品安全规制的行政作用，更好地保护消费者权益。消费安全局在食用油安全规制方面的主要有以下职能：（1）负责对油料作物和食用油生产进行安全监管；（2）负责食用油供应链流通环节的消费者保护；（3）负责食用油安全风险管理；（4）负责制定保障食用油安全消费的有关政策；（5）负责油料作物的防疫防害工作；（6）食用油产品卫生管理等。消费安全局对食用油安全规制的基本原则是，实现油料作物和食用油产品“从农田到餐桌”的全过程监管；制定食用油标识制度向消费者传达食用油产品信息；做好油料作物的安全生产，加强对油料作物自然灾害的防治，确保油料及食用油能够平稳供应；在食用油行业中倡导以消费者为中心的服务理念，促进相关部门和相关工作人员的信息交流和意见反馈；尊重科学，遵守国际标准，加强风险评估和风险管理。消费安全局还下设食品安全危机管理小组，以便快速有效地应对食品及食用油重大安全事件。

二是食料、农业、农村政策审议会。这是农林水产省依据《食品、农业和农村基本法》独立设置的机构。该审议会的委员规格很高，受农林水产大臣直接委任，下辖综合食料、消费安全、振兴农业等五个分会，其常设机构设在大臣官房的规划评价科，负责处理审议会的日常事务，其职责主要有三个，第一，根据《食品、农业和农村基本法》、《促进改善食品流通构造法》等，依法处理常规事务；第二，掌握相关政策，提供政策服务，以备农林水产大臣等长官咨询；第三，有权对《基本法》等相关法律政策实施中的重要事项进行调查和审议。

三是食品标识共同会议。这是跨部门的联席会议组织，由标志调查会（隶属于厚生劳动省）和农林物资规格调查会标识委员会（隶属于农林水产省）共同组成。食品标识共同会议的工作职责是按照《食品卫生法》及相关法律法规的规定，针对共同标识的项目建设、标识方法的制定和修订，以及其他有关事项进行交流与合作。农林水产省的规制部门如图5－5所示。

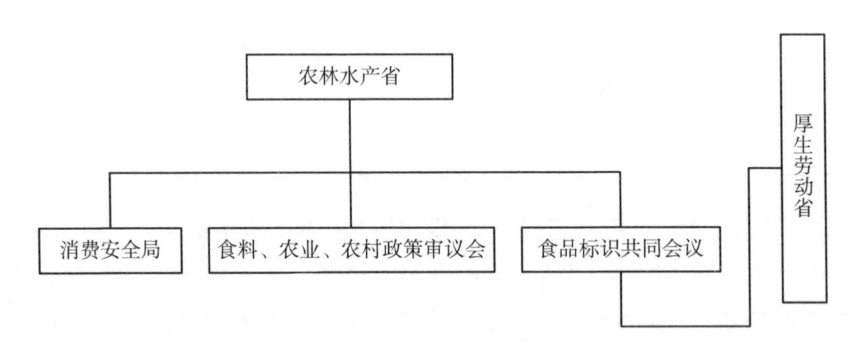

图5－5　农林水产省食用油安全规制有关部门

（三）食品安全委员会

2001年9月，日本千叶县发生首例疯牛病事件，在日本民众之中引起普遍恐慌，人们质疑日本政府保障食品安全的能力，多年辛苦培育的民众食品安全信心“毁于一旦”。在各方压力之下，2003 年 7 月，日本政府成立了食品安全委员会。该委员会由内阁直接领导，其工作重点放在协调和指导厚生劳动省和农林水产省这两个食品及食用油规制部门的食品安全工作，促进两个部门提升食品监管的科学化水平；另一个重要工作是进行食品安全风险评估。日本食品安全委员会成立较早，对我国食品安全委员会的设立和完善有着重要的借鉴意义。

一是关于委员会的机构设置。日本也是借鉴了欧盟、美国的先进经验设立的，直属内阁，地位较高，人员精简，只设委员，结构精干高效，只设有事务局和专门的调查会。对委员会委员的要求更高，必须是食品安全专家，名额只有 7 个，专职 4 人，兼职 3 人，其任命权在内阁总理大臣并报经国会两院通过。专职委员和兼职委员的任期均为三年，在任期内可以取得法定津贴，但是要履行如下义务：（1）保密义务，即使是离职后也不能泄密；（2）专任义务，在任期内不得在政党和政治团体任职；（3）专职委员不得再担任任何其他职务、不得有其他任何营利行为。这些权利和义务的设定对于约束委员保持廉洁自律、中允独立起到了很好的作用。委员会在 4 名专职委员中选出委员长 1 名，负责主持委员会各项事务。食品安全委员会下设调查委员会，由 3 个调查会和 14 个专门调查评估组构成，其中 3 个调查会分别是风险沟通调查会、规划调查会和紧急应对调查会，14 个专门评估组从类别上可以分为化学物质、生物类和新食品三大类。其中，化学类评估组主要评估化学物质、食品添加剂、动植物用药、器具及容器包装、农药残留与污染等项内容；生物类评估组主要评估微生物、病毒、霉变和自然毒素等项内容；新食品评估组主要评估新研制食品、转基因食品和肥料饲料等项内容。可以说，食用油安全监管问题都涉及了化学、生物和新产品这三大类评估。

二是委员会的职责。食品安全委员会的工作职责主要有以下几项：（1）风险评估。按照职能分工，日本政府规定食品安全委员会负责食品安全的风险评估工作，风险管理则由厚生劳动省和农林水产省根据权限共同完成。这种分工比较科学，有利于改变厚生劳动省和农林水产省“既当裁判员又当运动员”的局面。食品安全委员会对食用油进行风险评估主要按照以下规程进行：首先按照职能部门的请求或者主动对食用油产品是否安全进行评价，对食用油产品中添加物质的生物、化学危害性进行科学测定，确定其对人体是否具有危害性以及危害程度；其次行使劝告权，将评估结果上报内阁总理大臣，由内阁总理大臣对厚生劳动省、农林水产省等职能部门实施的食用油安全规制措施进行劝告、指导；再次行使监督权，对厚生劳动省、农林水产省等风险管理机关采取的食用油规制政策措施进行实时监督；最后相关风险管理机关要将根据食品安全委员会的劝告所采取的食用油规制措施以书面的形式向食品安全委员会报告。(2) 提供咨询。按照规制设计，内阁总理大臣在制定食用油安全规制政策之前需要听取食品安全委员会的意见，然后再提交内阁审议决定。一般要求内阁各部部长在制定食用油安全规制政策时需要听取委员会的建议意见，但是在特定情况下，具有强制性，例如下列情况必须听取食品安全委员会意见——厚生劳动省关于食品及食用油添加剂是否有害健康；农林水产省关于油料作物的肥料规格设定，等等。(3) 调查审议。食品安全委员会有权就重大的食用油安全规制政策进行调查审议，在科学调查评估的基础上，向内阁相关的部长标明委员会的意见。(4) 风险沟通。食品安全委员会在食用油安全规制上的一项重要工作职责就是促进风险沟通，一般分为两步进行，首先委员会要将关于食用油风险评估的内容及结论向相关各方通报，通过多种形式与有关各方交换信息、听取意见；其次委员会有权对相关部门的事务进行调整，从而促进相关职能部门提高效率，广泛进行意见交换和信息交流。(5) 危机的应对。在突发或可能突发重大的食用油安全危机事件时，食品安全委员有权要求相关职能部门就此事件进行调查、分析和采取应对措施；有权依据法律的授权对各部门行政长官提出工作要求。三个部门之间的工作关系如图 5－6 所示。

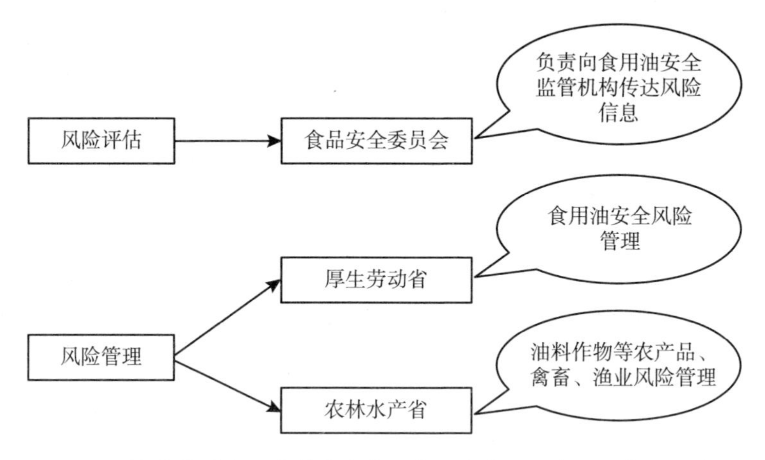

图5-6　厚生劳动省、农林水产省、食品安全委员会工作体系结构图

二、日本食用油安全规制的法律法规

健全的法律法规体系有效地促进了日本食用油安全规制的科学发展。日本食品安全法律从无到有日趋完善大约经历了100多年的历史，最主要的是《食品卫生法》、《食品安全基本法》，已经形成完整的法律法规体系，涉及食用油安全的专门法律法规很多，主要涵盖食用油卫生质量、油料作物质量、农药添加剂质量、动植物防疫防害等方面，多体现于食品安全法律法规专门法的具体章节，包括《农药取缔法》、《肥料取缔法》、《水道法》、《土壤污染防止法》、《农林产品品质规格和正确标识法》、《植物防疫法》、《农药管理法》、《持续农业法》、《改正肥料取缔法》、《饲料添加剂安全管理法》、《转基因食品标识法》、《包装容器法》等一系列法律法规。①

（一）日本食用油安全规制的历史演进

日本的食用油安全规制法律法规体系的健全和完善经历了100多

① 安洁、杨锐：《日本食品安全技术法规和标准现状研究》，载《中国标准化》2007年第12期。

年，大体分为三个时期：

第一阶段，食品监督法时期（1876～1947年）。1876年日本颁布《禁止销售用进口染粉着色的饮食物》的行政命令，这项行政命令的发布被认为是日本进行食品安全规制的开端。这是由于当时市场上出售的海带泛滥使用绿青铜屑着色染粉，这种染粉含有大量有毒物质危害人体健康，日本政府除了禁止销售染粉外，还要求地方将食物中毒情况上报中央，久之，促进了食品安全事故通报制度的形成。日本第一部关于食品安全的法律颁布于1900年，叫做《关于取缔饮食物及其他物品的法律》，其主要内容包括以下几点：第一，行政部门有权对食品及包装物的卫生危害依法进行查处，有权在生产、流通和消费环节予以取缔；第二，规定行政人员可以依法检查营业现场，带走食品及包装物进行检测；第三，对违法者和公务人员的法律责任进行了确定。这部法律简洁明确，施行了近半个世纪，直到《食品卫生法》出台。

第二阶段，食品卫生法时期（1948～2003年）。这一阶段的开始源于1948年《食品卫生法》的颁布。该法的出台改变了以往食品安全只能进行消极的事后监管的局面，做到了事后监管和积极的事前监管相结合。该法共分10章36条，对食品、食品添加剂、包装、标识、广告、营业、检查、处罚、指定检验机构、食品添加剂公定书等都做了详尽规定。该法的第一次修订在1955年，起因是森永砒霜奶中毒事件，危害巨大，造成130名婴儿死亡。这次修订，首先，对添加剂和化学合成品进行了定义和确定；其次，建立健全了食品卫生管理员制度，该制度规定食品卫生管理员有权监督检查食品及食品添加剂的生产过程；最后，建立了标识制度，有利于民众了解食品的产品信息。1968年发生的日本米糠油污染事件直接催生了《食品卫生法》的第二次修订。1968年3月，日本北九州市爱知县食用油加工厂在米糠油生产脱臭过程中使用的导热油——多路联苯液体泄漏，造成米糠油污染，导致1600人中毒，由于污染的遗传性，实际的受害者达到13000人之巨，被列为世界“八大公害事件”之一。第二次修订完成于1972年，内容主要包括三点：一是将食品安全的监管拓展到“有安全疑虑食品”范畴；二是进一步健全和完善食品安全检查制度和食品标识制度；三是进一步强化食品经营者的法律义务和法律责任。米糠油事件的发生还对《农药取缔法》的修订起到了很大的推动作用，主要是大大加强了对污染物的监管。《食品卫生法》第三次大的修订发生在1995年，主要是为了顺应民意和时代潮流，实现与国际接轨。本次修订，一方面进一步加强了制度化建设，包括一系列制度化措施的修订，例如食品添加剂、农药残留、进口手续、营业许可、检验检测标准的制度化和科学化；另一方面实现了《食品卫生法》和相关法规的科学配套，主要包括，危害分析与关键控制点法、疯牛病规制法、屠宰场法和家禽规制法，等等。

现行阶段，食品安全法时期（2003年至今）。本阶段最为显著的特点是食品安全监管模式过渡到了积极的事前监管。《食品安全基本法》包括以下内容：一是对食品安全概念进行了界定，厘清了食品安全和食品卫生的联系与区别；二是为食品安全委员会的成立提供了法理依据，明确其工作职责；三是确立风险交流机制；四是进一步明确了食品安全规制各方主体的责任和任务；五是明确了事前监管的规则。《食品安全基本法》的实施有效地将《食品卫生法》时期的配套法律科学衔接起来，通过导入《肯定列表制度》，修订《健康促进法》等相关法律，做到了“从农田到餐桌”的全程覆盖；实现了事前规制，对于恢复民众在食品安全上对政府的信心起到了积极的作用。《食品安全基本法》的实施标志着日本正式从“食品卫生行政时期”步入“食品安全行政时期”。

（二）日本“地沟油”防治的法规和措施

日本民众爱吃天妇罗等油炸食品，家庭和餐馆会产生很多废弃油脂，在20世纪60年代，地沟油问题一度非常猖獗，炼制的地沟油甚至贩运到台湾出售，但是在很短的时间内迅速销声匿迹，这得力于日本政府一整套的地沟油防治法规防治措施。日本政府在防治地沟油上的法规主要有1972年制定的《废弃物处理法》和2001年制定的《食品废弃物循环法》，这两个法案对废弃食用油的分类、保管、收集、运输、再生等做了具体规定，明确了家庭和餐饮行业对废弃食用油再资源化和防止废油污染的义务。日本政府在防治地沟油上还采取了一系列具体措施：一是通过媒体和社区对民众开展科普教育，使民众充分了解废弃食用油环境污染的危害性，提高收集废弃食用油集中处理的自觉性。二是日本政府通过高价回收废弃食用油提炼生物柴油，从源头上杜绝了地沟油的泛滥。日本政府指定专门公司回收废弃食用油，炼制成生物柴油，然后高价卖给日本政府。日本政府规定市政垃圾车必须使用废弃食用油炼制的生物柴油作燃料，从而解决了废油的出路和再利用问题。三是日本政府规定回收的废弃食用油必须立刻加入蓖麻油。由于蓖麻油具有毒性，无法食用，从而有效防止了地沟油回流。另外蓖麻油是优质的生物柴油原料，有利于废弃食用油提炼成生物柴油。四是强化了社会舆论对食品卫生的监督职能。通过强化舆论监督，日本民众对食品安全问题高度敏感，违法的社会成本高昂，地沟油事件一经发现，肇事企业不但要受到法律严惩，还会因为顾客流失而倒闭。

三、日本食用油安全规制的运行机制

日本是食用油安全规制运行机制最完善、最发达的国家之一，在食用油安全规制上形成了一套较为完备的制度体系，主要包括食用油安全标准规制体系、食用油安全监管和处罚体系、食用油安全信息渠道体系等，在这些体系中一些具体的制度安排值得我国借鉴。比较有亮点的有HACCP的认证制度、JAS认证及食品安全追溯制度、肯定列表制度、登记检查机关制度等。

（一）HACCP（Hazard Analysis and Critical Control Point）认证制度

主导机关是厚生劳动省。危害分析和关键点控制HACCP开始于20世纪60年代美国太空食品研究计划，现已成为国际上普遍认可的食品安全控制体系。HACCP主要包含七个方面的内容：一是进行危害分析；

二是有效识别关键控制点；三是科学界定各个关键控制点的临界极限；四是针对各个关键控制点，建立一套有序完整的监测方法，并制定规范程序有效处理监测结果；五是制定校正方案，用于解决关键控制点偏离临界极限问题；六是健全档案制度，对 HACCP 系统的运行情况进行完整记录；七是制定程序监测该系统日常运转的有效性。日本在 1995 年颁布了《食品卫生及营养改善法》，作为具体的实施举措，日本于 1997 年 4 月开始实施 HACCP 体系认证，由厚生劳动省负责认证审批，企业自主认证。一个值得注意的问题是，日本企业在运用 HACCP 体系认证时会增加企业运营成本，在推广时遇到一定的阻力，为了解决这一问题，日本政府采取了多种措施，例如给予贷款、减免税收等以提高日本企业运用 HACCP 体系认证的积极性。日本的 HACCP 率先在乳制品、速食食品等 6 个食品制造业实行，后来逐渐拓展到整个食品行业。在食用油产业实施 HACCP 体系认证，可以对食用油从油料作物的种植、食用油加工直到消费的整个供应链环节中特定危害物质进行确定和评价，保障食用油安全。①

（二）JAS（Japanese Agriculture Standard）认证及食品安全追溯制度

主导机关是农林水产省。日本有机农业标准 JAS 认证制度在 2002 年 4 月开始正式实施。2001 年农林水产省制定了《关于农林物质标准化及质量标识正确化的法律》，JAS 认证就是该法实施的具体举措。JAS 适用的对象包括两大类，一是食品、饮料和油脂；二是农、林、畜、水产品及其加工品。也就是说，JAS 制度的监管范围覆盖了整个日本市场上销售的农林产品及其加工品，业已成为日本农业标准化的最重要的管理制度。JAS 认证要求产品必须贴上 JAS 标志，该标志由认证机构名称和 JAS 共同构成。JAS 认证一项重要原则就是具备可追溯性。日本从

① 王志刚、王勋：《日本食品企业实施 HACCP 体系认证的现状及其问题》，载《中国畜牧杂志》2007 年第 14 期。

2001 年开始，在 JAS 基础上构建了食品安全追溯制度。以食用油安全为例，该系统为食用油产品标明了油料作物产地（生产者）、农药使用情况、食用油加工厂、辅助材料、流通消费环节和所有阶段的日期信息，相当于食用油产品有了“身份证”。这套追踪系统的优点，除了能够给予消费者食用油消费信心外，更重要的是，一旦发生食用油安全事故，可以迅速倒查食用油在生产、加工、流通各环节信息，掌握食用油原料来源、生产厂家、销售商家等记录，追查事故的责任方，同时追踪产品的流向，有利于食用油不安全产品的召回。日本有机农业标准 JAS 认证标识，如图 5 - 7 所示。

图 5 - 7　日本有机农业标准 JAS 认证标识

资料来源：JAS 认证标识，百度图片。

（三）肯定列表制度（Positive list system）

主导机关是厚生劳动省。该制度制定的主要目的是对食品中的农药残留以及兽药、添加剂等化学成分的限量标准进行有效控制。日本在 2006 年 5 月正式开始实施肯定列表制度。该项制度依据《食品卫生法》（2003 年修订案）第十一条实施，主要内容有三项：一是对“豁免物质”进行确认。豁免物质是指一些农业化学品在日常情况下由于在食品中的残留不会影响人们的身体健康，可以对其进行豁免，其残留量没有限量要求；二是确定最大残留限量标准。除了豁免物质外，厚生劳动省对具体食品和农业化学品制定最大残留限量标准列表；三是实施“一律标准”。由于新生食品及农业化学品层出不穷，确定为豁免物质或确定最大残留限量标准有一个很长的时间周期，因此，肯定列表制度规定对其采取“一律标准”，其农业化学品的最大残留限量值一律不准超过0.01毫克/公斤。[①]

（四）登记检查机关制度

该制度是日本食品安全规制中的一项代表性制度，其优点是可以减轻行政负担，提高行政效能，强化检查监督，保障食品安全。日本的登记检查机关由民间法人来承担，属于“私人行政”。由民间发起设立的民间法人来承担行政职能、完成行政事务的现象在日本称之为私人行政，分有两种，一种是委托制度，另一种是指定机关制度。后者在日本应用比较广泛，1972年，日本《食品卫生法》修订中引入了指定机关制度，创设指定检查机关，称为登记检查机关。

登记检查机关的权限由厚生劳动大臣授予，享有一定的行政处分权。登记检查机关在食用油安全规制中的业务范围集中在对食用油产品、化学品残留、添加剂、包装物的检验，对照食用油安全标准予以评价。登记检查机关的收入来源于行使检查权时收取的手续费。日本《食品安全基本法》和《食品卫生法施行规则》规定了的登记检查机关必须履行的义务，主要是，第一，履行检查业务职责。登记检查机关在食用油产品检查时必须坚持公正原则，严格按照厚生劳动省规定的技术标准对产品进行检验；第二，业务批准和变更许可义务。按照相关法律法规之规定，登记检查机关在检查业务中止、废止时不得擅自决定，必须向厚生劳动省申请批准；登记检查机关名称、办公场所变更时要向厚生

---

① 邹德洪、郭小英、熊岩等：《日本“肯定列表制度”及其限量标准探讨》，载《引进与咨询》2006年第12期。

劳动省申报许可；第三，履行保密义务。登记检查机关在对食用油产品进行检查时，有可能触及相关国家秘密和食用油行业的商业机密，工作人员必须履行保密义务，如果泄密，就要受到法律的制裁；第四，接受检查的义务。按照相关法律法规之规定，登记检查机关要规范检查业务流程，备齐账簿，对本机关的财产、文件以及与检查业务相关的特定事项进行记载造册，以备厚生劳动省检查、监督。①

第三节　欧盟的食用油安全规制

欧盟由 28 个成员方组成，拥有 5 亿人口。在 20 世纪 90 年代，欧洲食品安全事件频发，造成较大危害影响的主要有疯牛病、二噁英污染、沙门氏菌污染、口蹄疫等，在食用油安全领域也发生了严重的甚至引起全欧洲恐慌的比利时戴奥辛污染食用油事件。但是近十几年，欧洲很少发生食用油安全事件，这得益于欧盟具有代表性的，比较完善的食用油安全规制体系。

一、欧盟食用油安全的规制机构

欧盟的食用油安全规制机构主要包括三个层面，最高层面是欧盟理事会，其次是欧盟食品安全局，再次是欧盟委员会下属的健康与消费者保护总署、食品与兽药办公室及食物链和动物健康常设委员会。欧盟理事会是食用油安全的决策机构，欧盟食品安全局是食用油安全的监管机构，对食用油整条供应链进行监督，对食用油安全进行风险评估，欧盟委员会下设的健康与消费者保护总署等三个部门是食用油安全的行政机构。三者之间权责分明，层次清晰，实现了食用油安全规制的一体化，

---

① 孙华：《日本食品安全规制中的登记检查机关制度》，载《法律研究（日本研究）》2011 年第 2 期。

保证了食用油安全规制体系的高效运转。

（一）欧盟理事会

作为欧盟的决策机构，欧盟理事会负责制定食品安全（包括食用油安全）的基本政策，在 2001 年 1 月发布欧盟《食品安全白皮书》，对欧盟的食品安全特别是食用油安全做了整体规划设计，例如明确了食品安全风险评估的主要机构——欧盟食品安全局；确立了欧盟食品安全生产的基本原则——“从农田到餐桌”的控制体系等。

（二）欧盟食品安全局（EFSA）

20 世纪 90 年代，欧洲连续发生了疯牛病、二噁英污染、沙门氏菌污染、口蹄疫、戴奥辛污染食用油事件等食品安全事件，民众对食品安全的信心大为动摇，为了改变欧盟成员国独自进行食品安全规制漏洞百出的现状，欧盟在 2002 年 1 月正式成立了欧盟食品安全局，加强对食品安全的统一领导。欧盟食品安全局是欧盟直属的独立机构，其活动经费来自欧盟财政预算，其组织机构包括局长、管理委员会、行政风险评估、科学合作和公共关系部、科学委员会、专门科学小组。欧盟食品安全局的主要任务包括：（1）独立提出科学建议的任务。对欧盟理事会及成员国提出的食品安全问题，提供独立的科学建议，为欧盟风险管理决策服务；（2）提出技术建议的任务，促进具体食品问题政策法规制定；（3）食品安全信息收集和分析的任务。监测欧盟食品链的安全性，收集和分析潜在的食品安全危害信息；（4）危害识别和报警任务；（5）支援任务。在食品安全事件爆发时，对欧盟委员会的工作提供支持；（6）与公众交流的任务。在其职责范围内向公众提供食品安全信息并征求公众意见。欧洲食品安全局职能如图 5－8 所示。

（三）欧盟委员会及三个食用油监管机构

欧盟委员会在食用油安全规制上的作用主要体现在针对食用油安全问题进行科学研究，并向欧洲议会和欧盟理事会提出议案和建议，促进

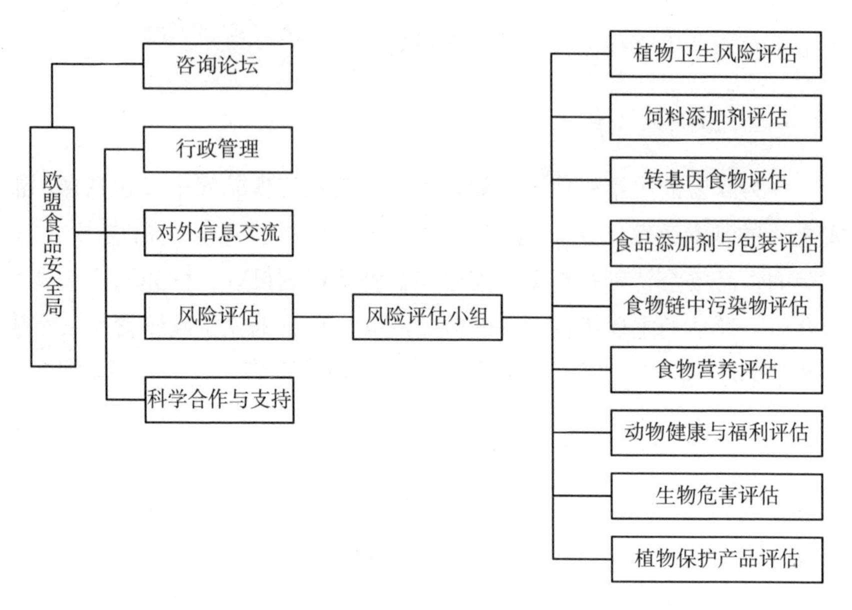

图 5-8 欧洲食品安全局职能结构图

食用油安全政策、法律和技术法规的制定与修订。在欧盟委员会中，与食用油安全规制有关的监管机构有三个，健康与消费者保护总署及其下属但相对独立的机构——食品和兽医办公室、食物链和动物健康常务委员会。

1. 健康与消费者保护总署（DG SANCO）

该机构的工作目标主要有四项：一是对欧洲消费者的食品消费负责，保证消费者的食品消费安全、保障消费者身体健康；二是健全和完善食品安全消费的有关法规制度；三是对各成员国在食品安全方面的工作进行监督，维护消费者权益，保障公共健康；四是促进成员国在食品安全上的交流与合作。欧盟采取归口管理原则，与食品安全有关的委员会全部归口该署管理，整合了监管资源，防止了各群体的利益冲突。在食用油安全规制上，一般遵循如下程序，首先，由健康与消费者保护总署提出食用油安全技术法规制定的意见和草案；然后，交由欧盟各成员国的食品安全专家进行讨论并形成最终提议；之后，直接或通过欧盟食品链和动物卫生常设委员会正式向欧盟理事会提交提议；最后，上交的提议在欧盟理事会和欧洲议会的共同工作下，最终完成立法决策。

2. 欧盟食品与兽药办公室（FVO）

食品和兽医办公室隶属于欧盟健康和消费者保护总署，负责监管农业源性食物和食品，是食用油安全规制最主要的行政部门之一，主要包括哺乳性动物性食品部、鱼和非动物性食品部以及鸟类动物食品与植物卫生部三个部门，其职责是对欧盟各成员国执行欧盟的食品安全相关法律的情况予以监督和评价，同时对欧盟食品安全局的有关工作进行督导，保障相关法规有效实施。该办公室在食用油安全规制上的流程为，在工作中以采取巡检的方法来监管和评价欧盟各个成员国在食用油生产加工过程中是否严格遵守欧盟的食品及食用油安全生产法律法规和安全标准，将检查出来的食用油安全问题、结论和相关意见形成报告呈交欧盟委员会和当事国，并向公众公布。

3. 食物链和动物健康常设委员会（SCFCAH）

该委员会由欧盟各成员国代表组成，作为具有监管性质的委员会，其在食用油安全规制中的任务主要是协助欧盟委员会加强食用油安全风险管理，工作范围覆盖了从油料作物生产到食用油加工、运输及销售的整条食物链，实现了“从农田到餐桌”的全过程监管。该委员会在食用油的监管工作中主要涉及以下几个课题：一是食用油供应链的生物安全性问题；二是食用油供应链的毒理学问题；三是食用油控制和进口的条件；四是转基因油料作物及成品油的风险；五是油料作物的药品使用。食物链及动物健康常设委员作为监管委员会还享有审议权，欧盟委员会食品安全相关部门制定的食品安全及食用油安全的法规草案必须提交该委员会进行审议。欧盟食品及食用油安全监管机构的设置如图5－9所示。

二、欧盟食用油安全规制的法律法规

欧盟的食用油安全规制法律法规体系比较完善，与食用油安全规制有关的法律法规将近20部，主要包括《通用食品法》、《食品卫生法》、

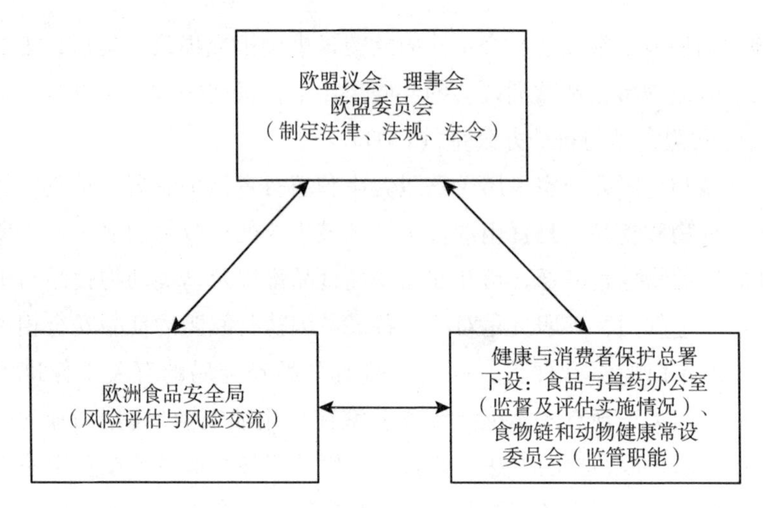

图 5－9　欧盟食用油安全监管机构组织图

《卫生与植物卫生措施》等，对实现食用油安全“从农田到餐桌”的整条食物供应链的监管，预防灾害、解决危机起着十分重要的作用，对于我国加强食品安全特别是食用油安全具有重要的借鉴意义。

（一）欧盟食用油安全规制的历史演进

1957 年，欧盟的前身欧共体正式成立，当时正处于第二次世界大战后的恢复时期，温饱问题是主要问题，提供充足的食品是主要目标，很少关注食品安全问题。但是，随着食品流行性疾病的不断蔓延，人们的食品卫生问题越来越突出，1964 年欧盟制定了第一部食品卫生法规，对肉、蛋、鱼、乳制品、食用油脂等实施了卫生标准和卫生法规。从 20 世纪 70 年代开始，欧盟农业发展迅速，温饱问题已经解决，但是为了提高产量大量使用化肥和杀虫剂，对食品安全带来新的重大问题，为此，1976 年欧盟制定了第一部杀虫剂法规，对包括油料作物在内的谷物、果蔬规定了农药最大残留量。随着社会进步，人们对环保问题更加重视，1987 年，欧盟颁布了《单一欧洲法令》，将环境保护列入农业生产政策的重要组成部分。1997 年，欧盟颁布了《食品立法总原则的绿皮书》，这标志着欧盟食品及食用油安全规制法律体系框架的基本形成。但当时的立法还处于“食品卫生”阶段，“食品安全”的概念还没有被提出。《绿皮书》的核心宗旨是强调建立完善食品的法律法规以及一些食品卫生标准，当然也包括食用油卫生标准。20 世纪 90 年代欧洲发生了一系列食品安全事件，例如疯牛病、二噁英污染、沙门氏菌污染、戴奥辛污染等，民众的恐慌情绪蔓延，对食品安全日益关注，人们对欧盟食品安全法律法规体系改革的要求日益高涨，迫使欧盟理事会顺应形势，在 2001 年 1 月颁布了《食品安全白皮书》，实现了从“食品卫生”阶段向“食品安全”阶段过渡。《食品安全白皮书》以食品安全为根本目标，强调“从农田到餐桌”全程安全的重要性，并以此形成了一套新的法律法规框架体系。《白皮书》主要包括食品安全的基本原则、政策框架、法规体系、管理机构、国际合作、风险评估、快速预警等项内容。《白皮书》的颁布为欧盟建立高度统一的食品安全体系奠定了基础，同时也成为欧盟各成员国完善本国食品安全法律的典范。根据《白皮书》，德国、比利时、法国等欧盟国家也纷纷修订了本国的食品安全法律，组建了独立的监管机构，实现了欧盟基于食物供应链的自上而下、全方位、多层次的食品安全法律法规体系。

（二）欧盟关于食用油的具体法规

欧盟的食用油安全规制法律法规体系比较完善，与食用油安全规制有关的法律法规将近 20 部，主要包括《通用食品法》、《食品卫生法》、《卫生与植物卫生措施》、《动物源性产品官方监管组织条例》、《动物源性食品特殊卫生条例》、《食品安全与动植物健康监管条例》、《动物源性食品生产、加工、流通等管理的动物健康条款》[①] 等。例如，欧盟颁布的《卫生与植物卫生措施》对油料及食用油的质量安全指标如溶剂残留、芥酸、食品添加剂、棉籽饼中游离棉酚、菜籽饼中异硫氰酸酯、油料产品中的农药残留、花生中黄曲霉毒素 B_1 等作了明确规定和严格

① 廉恩臣：《欧盟食品安全法律体系评析》，载《政法论丛》2010 年第 2 期。

要求。

（三）欧盟“地沟油”防治的法规和措施

欧盟对地沟油的防治主要集中在成员国层面。欧盟各成员国都对防治地沟油制定了严格的法规和措施。以德国为例，在德国地沟油防治及回收率达到100%，这主要得益于德国对食用油加工企业和餐饮行业制定了严格的检查监督制度，违法成本十分高昂，令人望而却步。另外，德国还建立了一套完善、严格的餐厨废弃油脂回收法规，通过对废弃油脂回收利用的全程监控来确保食用油安全，有效防止地沟油重新回流到餐桌。在德国对餐厨废弃物的回收利用进行全程跟踪监督来保证食用油的安全。在德国，餐饮业处理废弃油脂分为以下几个步骤：第一，餐馆开业必须设立专门的食品卫生工作间，购置油水分离设备；第二，必须和政府签订泔水回收合同。合同中对由谁回收，回收时间、由谁加工进行了严格规定，一旦出现问题，很快就会明确责任；第三，餐馆每天营业产生的泔水都要经过油水分离设备进行沉淀、分离，如果擅自直接排入下水道将面临巨额罚款和停业整顿的处罚；第四，分离好的废弃油脂由合同特定公司统一回收；第五，回收公司将废弃油脂出售给合同特定的加工企业制成生物柴油和提炼特殊成分，制造有机肥料等。

三、欧盟食用油安全规制的运行机制

欧盟在食用油安全规制上形成了一套较为完备的制度体系，主要包括从“农田到餐桌”全程监控制度、危害分析与关键控制点制度（HACCP）、快速预警制度、可追溯制度等。

（一）从“农田到餐桌”的全程监控制度

在欧盟，从“农田到餐桌”全程监控制度较早的应用到食用油行业，该制度强化了食用油生产加工的全过程管理，实现了立体全方位监控，食用油相关法律法规和生产标准涵盖了食用油产业的各个环节。欧盟从“农田到餐桌”全程监控制度特别强调对食用油生产的源头——油料作物的生产管理，并在食用油生产整条供应链中执行良好生产规范（GMP）和危害分析与关键控制点（HACCP）系统，加强食用油生产环节的程序化管理，对食用油生产实现有效监管和控制。该项制度还要求食用油的原料提供者、生产加工者、销售者必须遵守环保、添加剂、生产操作规范等相关标准，严格遵守环境保护规范，严格管理生产、包装、存储、运输等食用油供应链环节，确保食用油安全。

（二）快速预警制度（RASFF）

该制度脱胎于1979年颁布实施的食品与饲料快速预警系统，为了应对不断爆发的食品安全事故，2001年颁布的《食品安全白皮书》提出在食品与饲料快速预警系统基础上建立欧盟快速报警系统（RASFF）。该系统在2002年正式启动运行，在欧盟内部形成了一个快速反应的网络系统。RASFF工作职责包括：（1）形成风险信息通报制度，要求欧盟成员国一旦发现食品或饲料对人类健康的危险信息，立即通报欧盟委员会，由欧委会确定风险等级，通报给欧盟各成员国；（2）实施建议权，欧盟委员会在通报风险时要附加相关科学技术资料，对成员国即将采取的措施提出规范建议；（3）成员国采取措施的报告制度，欧盟委员会要求各成员国对风险通报作出快速反应，并将采取的具体措施上报欧委会；（4）第三国信息通报制度，快速预警制度规定，如果风险通报所提及的不安全食品或饲料已运抵第三国，欧盟及成员国有义务向其提供相关的必要信息。通过快速预警系统，欧盟将欧盟委员会、欧洲食品安全局、各成员国连接成为不断互动的食品安全交流网络，对于迅速发现食用油安全风险，避免食用油安全事件事态扩大，保护食用油消费者利益作用重大。

（三）可追溯制度

为了应对20世纪90年代不断出现的食品安全事件，欧盟一直致力于食品安全可追溯制度建设。2002年，欧盟颁布178号法规，标志着食品安全信息可追溯制度的正式运行。法规要求欧盟境内销售的食品只有具备了可追溯性才能上市。欧盟一些食品法规细则对食用油及油料作物的可追溯性做出了详细规定，例如，第 89/396 号法规规定包括食用油在内的所有食品必须做出能够查明批次的标记和标识；第 1830/2003 号法规规定包括转基因大豆、菜籽等油料作物及成品油在内的转基因产品必须具备相关标识和可追溯性，并对以此为原料的再加工产品做出特殊规定。可追溯制度对食用油供应链各阶段的主体有详细的规定，必须保障原料、附加材料、成品的来源和去向，对食用油供应链的各个环节进行追踪，食用油安全事件一旦发生，通过该制度就可以很快查出问题所在，确定具体环节，迅速召回问题产品，迅速撤出市场。

第四节　巴西的食用油安全规制

巴西盛产大豆等农作物，物产丰富，是典型的农业大国，也是油料作物、食用油的出口大国。近年来巴西对农产品出口质量和国内食品及食用油安全监管的重视程度越来越高。

一、巴西食用油安全的规制机构

巴西的食品及食用油安全规制机构很多，采取的是多部门联合监管的规制模式。主要的规制部门是隶属于卫生部的国家卫生监督局及农业和供给部、社会发展与消除饥饿部、教育部、司法部的下属机构。各个规制部门既协作又分工，例如社会发展与消除饥饿部主要负责贫困地区的食品供给保障和食品安全工作；农业和供给部主要负责食品安全状况监管；卫生部负责日常卫生检查；教育部负责学校里面的食品质量安全保障工作，等等。此外，巴西的社会中间组织力量也比较强大，对巴西的食品及食用油安全监管起到重大作用。巴西涉及食品及食用油安全的社会中间组织主要有消费者维权基金会、消费者保护研究院、食物保护协会以及大豆行业协会等机构。①

二、巴西食用油安全规制的法律法规

巴西具有较为完善的食品及食用油安全规制法律法规体系，相关法案很多，比较具体。例如，1967 年颁布的第 209 号法案对食品包装、标识、原料和添加剂做出了严格规定，在此后的修正案中又对进口食品标签做了强制规定，必须注明食品的注册号码，食品保质期，食品说明书必须有葡萄牙文等；1969 年颁布的第 986 号法案规定食品生产商必须依照国家食品规范委员会制定的相关标准申请注册许可；1999 年颁布的第 17 号法案对食品安全基本标准进行了界定，并定义了危险食品概念；2004 年颁布的第 216 号法案详细规定了食品生产过程卫生标准，包括微生物、细菌含量，生产人员、生产设备卫生条件以及垃圾处理等具体标准；2005 年颁布的第 350 号法案对进口食品卫生标准进行了规定；自 2005 年以来，巴西在全国实施食品营养成分标签强制规定，在食品标签的标注中必须含有热量值、蛋白质、碳水化合物、饱和脂肪、转移脂肪、纤维及钠含量等相关信息，方便民众有效进行膳食搭配，充分保障公民的食品消费知情权。在具体的食用油安全法规中主要有“支持花生计划”，巴西以前年产花生约 100 万吨左右，主要作为花生油原料，但是花生易感染致癌的黄曲霉毒素，受此影响，现在花生产量下降幅度较大，主要用于糖果和开胃小食生产，2001 年，为了提振花生产业制订了该计划，规定生产花生制品要获得花生质量认可证明，生产不合格产品，卫生部有权直接取消生产权，并在生产中引进新的生产工艺，强化生产环境，避免黄曲霉毒素的产生；作为油料作物生产和出口大国，针对 2003 年爆发的毒枝菌素感染，巴西严格制定毒枝菌素控制标准，在生产环节制定良好操作和危险分析要点，并加强了实验室建

① 《巴西多方监管力保食品安全［EB/J］》，载《网易新闻》，（http：//news. 163. com/09/0317/11/54JRSS4T000120GR. html），2009 年。

设，增加了检验检测程序。

三、巴西食用油安全规制的运行机制

巴西食品及食用油安全规制机构的运行机制比较健全，在联邦、州和市镇都能有效开展监管工作，基本上形成了从地方到中央和中央到地方的双重纵向联动机制和同级地方横向联动机制，形成食品及食用油安全规制的整体工作效应。例如，作为食品及食用油的主要规制部门，国家卫生监督局每年都会自下而上逐级召开代表大会，最后召开最高级别的联邦代表大会，将市镇、州等各级地方涉及的食品安全问题逐级反映上去，形成议案，经过专门委员会研究形成解决方案，并制定相关法案法规。

巴西在日常的食品及食用油监管中非常严格。例如，2009 年 2 月，巴西国家卫生监督局从重处理了一起食用油掺假事件，四家进出口公司经营的食用红花子油被查出禁止使用的亚麻油酸成分，被处以高达 150 万雷亚尔（约合 410 万人民币）的罚金。

巴西对进口食品安全要求很高。例如，2013 年 3 月中上旬组织农业部等相关规制职能部门组成清查团到越南检查该国的水产食品安全检查系统，对部分从越南进口的水产品进行风险评估。

巴西农业部在近年来为了保障油料作物等农产品生产，大力推广农业病虫害和疾病追溯系统，加大了资金、技术和人力资源的投入，并着手制定相关配套法规。

巴西不断加强出口油料作物安全。2015 年 5 月，在中国广东检疫部门退运 6 万吨受污染大豆后，巴西农业部加强了大豆仓储和港口检查力度，特别是在大豆主产地的 10 个州加强了稽查力度，派驻联邦农业稽查员组成稽查组实施专门检查，发现问题产品一律封存，禁止贸易。

第五节 食用油安全规制的国际启示

一、在食用油安全规制机构上的国际启示

在食用油安全规制机构设置上，美国采取的是基于“品种监管”的多部门安全规制模式，其食用油安全监管部门主要有三个：农业部下属的食品安全检验局（FSIS）、卫生和人类服务部下属的食品和药品管理局（FDA）、国家环境保护署（EPA）。三个部门以“品种监管”为主，进行职能划分。其中食用动物油脂的监管工作由食品安全检验局（FSIS）负责；食用植物油掺假、存在安全隐患、夸大功效宣传、添加剂管理方面等工作由食品和药品管理局（FDA）负责；为油料作物生产发放杀虫剂产品许可证，制定油料作物杀虫剂残留限值以及有毒化学物质的管理和研究等工作由国家环境保护署（EPA）负责。日本在食用油安全规制模式上采取的是多部门分段监管的模式，食用油安全监管部门主要有三个：厚生劳动省、农林水产省和食品安全委员会。其中制定和修订食用油添加剂、农药残留的国家标准，食用油进口商品的安全检查，食用油流通过程的安全监管，通报食用油产品安全监管信息，食用油相关政策出台时收集民众意见和建议等项工作由厚生劳动省负责；食用油风险管理、保障食用油及其衍生产品卫生安全由农林水产省负责；食用油安全风险评估、提供咨询、调查审议、风险沟通和危机应对由食品安全委员会负责，在食用油安全规制上采取农业、商业、卫生、环保等多个部门的协同规制，规制部门设置与分工较为合理，基本上实现了食用油安全监管的“无缝衔接”，对我国具有较高的借鉴意义和参考价值。欧盟在食用油安全规制模式上采取的是单一部门全程监管的模式，食用油安全规制部门主要是欧盟食品安全局，其主要的工作职责包括食用油安全监管的行政管理、对外信息交流、风险评估、科学合作与支持

等，基本上囊括了所有的食用油安全规制职能。在欧盟食用油安全规制起到协同配合作用的主要是欧盟委员会及下属的健康与消费者保护总署（DG SANCO）、欧盟食品与兽药办公室（FVO）、食物链和动物健康常设委员会（SCFCAH）三个机构，在食用油安全规制上的作用主要体现在针对食用油安全问题进行科学研究，并向欧洲议会和欧盟理事会提出议案和建议，促进食用油安全政策、法律和技术法规的制定与修订。巴西在食用油安全规制机构的设置上采取的是多部门联合监管的规制模式，食用油安全规制的主要部门包括隶属于卫生部的国家卫生监督局及农业和供给部、社会发展与消除饥饿部等。食用油安全状况监管由农业和供给部负责，日常卫生检查由国家卫生监督局负责，贫困地区的食用油供给保障和安全工作由社会发展与消除饥饿部负责。此外，巴西的社会中间组织力量也比较强大，对巴西的食品及食用油安全监管起到重大作用。通过以上分析我们可以看到，目前在国际上的食用油安全规制模式主要有三种，一是以美国为代表的基于品种监管的多部门安全规制模式；二是以日本为代表的多部门分段监管的模式；三是以欧盟为代表的单一部门全程监管的模式。三种模式各有特点，但是从长远发展来看，以欧盟为代表的单一部门全程监管的模式更为科学，是未来发展的趋势。

二、在食用油安全规制法律法规及标准上的国际启示

在食用油安全规制法律法规上各个国家都根据本国的实际情况进行制定和完善，在食用油安全标准上做到了与国际接轨。美国在食用油安全规制上的相关法律主要有《纯净食品和药品法》、《联邦食品、药品与化妆品法》、《公众卫生服务法》、《食品质量保障法》等，其中《联邦食品、药品与化妆品法》是食用油安全规制的主要法律，是美国食用油安全法律法规体系的基石；日本在食用油安全规制上的法律法规主要有《食品安全基本法》及《农药取缔法》、《肥料取缔法》、《转基因食品标识法》、《水道法》、《土壤污染防止法》、《农林产品品质规格和正

确标识法》、《植物防疫法》、《农药管理法》等一系列专门法律法规，日本以《食品安全基本法》为核心构建了完整的食用油安全规制法律法规体系；欧盟在食用油安全规制上的法律法规主要有《食品安全白皮书》及《通用食品法》、《食品卫生法》、《卫生与植物卫生措施》、《动物源性产品官方监管组织条例》、《动物源性食品特殊卫生条例》、《食品安全与动植物健康监管条例》、《动物源性食品生产、加工、流通等管理的动物健康条款》等一系列专门法律法规，欧盟以《食品安全白皮书》为核心构建了高度统一的食用油安全法律法规体系，欧盟各成员国以此为蓝本构建了本国的法律法规体系。以上这些国家都对“地沟油”（废弃餐厨油脂）的防治制定了具体的法规和措施。巴西在食用油安全规制上的法律法规比较复杂混乱，主要存在于不同时期制定的法案之中，没有形成较为完善的食用油安全法律法规体系。通过以上分析我们可以看到，目前发达国家都是立足本国实际，以一个主要食品安全法律为核心，制定和完善配套的专门法律法规，形成了较为完善的食用油安全规制法律法规及食用油安全标准体系。

三、在食用油安全规制运行机制上的国际启示

在食用油安全规制运行机制上，各国的侧重点各不相同，都是根据本国的实际情况构建了运行机制体系。美国在食用油安全规制上业已形成一套较为完备的制度体系，主要包括认证体系、信息披露体系、食用油召回制度、风险评估与管理机制、从“农田到餐桌”的全程监控机制、率先实行 HACCP 监管模式、有关的教育培训机制，等等。比较有代表性的主要有食用油召回制度、食用油风险评估与管理机制、从“农田到餐桌”的全程监控机制等；日本是食用油安全规制运行机制最完善、最发达的国家之一，在食用油安全规制上形成了一套较为完备的制度体系，主要包括食用油安全标准规制体系、食用油安全监管和处罚体系、食用油安全信息渠道体系等，比较有亮点的有 HACCP 的认证制度、JAS 认证及食品安全追溯制度、肯定列表制度、登记检查机关制度等；

巴西的食用油安全规制运行机制较为完善，基本上形成了从地方到中央和中央到地方的双重纵向联动机制，和同级地方横向联动机制，其在保障大豆等油料作物生产，大力推广农业病虫害和疾病追溯系统等运行机制上很有特色。从以上的分析可以得出，各国在食用油安全运行机制上并不完全相同，由于各国的国情不同，其侧重点必然也不相同，但是从整体上都构建了较为完备的食用油安全运行机制体系。

四、食用油安全规制的国际共同趋势分析

通过对美国、日本、欧盟等发达国家食用油安全规制体制体系的系统研究，我们会发现，这些国家虽然在食用油安全规制机构、法律法规体系、运行机制等方面都存在不同之处，但是在一些基本原则上是一致的：都高度重视风险管理，建立了风险评估机制；都树立了“从农田到餐桌”的食用油规制理念；都建立了一套相对完整的食用油安全法律法规体系；都实现了食用油安全规制体系的公开透明，消费者的信任度较高；都建立了食用油安全可追溯体系；都建立了应对突发食用油安全事件的处理程序。

这些发达国家的食用油规制近些年来出现了一些共同的趋势，对我国有一定的启示：

趋势一：食用油安全规制体系由分散趋于集中。例如，美国、日本都建立了食品安全委员会，为了解决各个规制部门之间协作不畅，规制效率不高的问题，强化了食品安全委员会作为食用油安全规制最高权力机构的实质领导地位，权力集中的趋势愈加明显。

趋势二：食用油安全规制从重视终端规制向全程规制转变。美国、日本、欧盟等对食用油安全的规制都非常重视过程的防控，实现了食用油安全规制“从农田到餐桌”的无缝衔接。

趋势三：食用油安全规制在加强技术性规制的同时更加注重对体制、体系的创新。

趋势四：食用油安全规制从行政性规制为主走向行政性规制和社会

性规制并重阶段。由于食用油安全规制具有公共性和公益性的社会属性，美国、日本、欧盟和巴西都十分重视社会力量的广泛参与，吸收食用油生产相关领域的技术专家参与食用油安全法律、法规、政策和技术标准的制定，提高了民众对食用油规制机构的信任度，有效降低食用油安全规制成本。

第六章

完善中国食用油安全规制的对策分析

第一节　探索食用油安全规制体制创新的可行性

借鉴发达国家在食用油安全规制体制改革上的成功经验，我国可以考虑在以下两种模式中探索食用油安全规制体制创新的可行性。

一、对当前规制体制进行完善和补充

2010 年 2 月国务院食品安全委员会正式成立、2013 年 3 月国务院机构重大改革、2015 年 4 月审议通过了新修订的《中华人民共和国食品安全法》，通过系列一举措，食品安全规制模式有了从多部门分段监管向集中监管过渡的趋势，特别是《新食品安全法》的实施实现了食用油生产、流通和消费三个环节由国家食品药品监督管理总局统一监管，这是非常可喜的一步。但是从现实看，由于油料作物生产环节仍然由农业部监管、油料作物及食用油的进出口环节仍然由国家质量监督检验检疫总局负责监管，所以食用油安全多部门分段监管的大格局并没有得到实质改变，这种多部门分段监管模式的存在有其现实合理性，是与

我国国情相符合的，但是从长远来看，全过程集中监管是未来发展的趋势，这一目标的实现需要较长时间。所以，当前的主要工作是对现有多部门分段监管的规制体制进行完善和补充。一是在 2010 年国务院食品安全委员会成立以后，各省、自治区、直辖市也纷纷成立了食品安全委员会，在宏观层面上，食品安全委员会已经成为应对重大食品及食用油安全事件的指挥协调中枢、决策中枢，有利于协调各个规制部门相互协作、明确权责，形成食用油安全规制的“一盘棋”，但是在地级市和县区层面，有些地区由于多种原因并没有成立相应的食品安全委员会，这就使食品安全委员会在纵向从中央到地方到基层，横向协调指挥同级各个食品及食用油安全规制部门的作用发挥打了折扣。建议地方党政主要领导高度重视尽快成立本地区、基层县区的食品安全委员会。二是以《新食品安全法》的颁布实施为契机，对现有规制部门的职能进行重新划分，尽量避免规制职能的交叉、重叠和盲点。对当前规制体制进行完善和补充是一个可操作性强、改革成本低的折中方案。

二、设立独立的食用油安全规制机构

这是借鉴美国等发达国家经验，彻底改变多部门分段规制的格局，由一个单一部门统一负责食用油安全监管工作。从我国现实情况考虑，初步设想这一部门可以分为中央和地方两个部分，但是除了法定事权划分外，二者没有隶属关系。地方的食用油安全规制机构对所在地区的食用油行业“从田地到餐桌”的全部环节进行规制、并负责流通到本地区的食用油产品的监管和检验检疫工作。中央的食用油安全规制机构负责对全国的食用油行业的各个环节进行总体规制，拥有国内各个地区市场准入、流通准入的最终裁定权以及重大食用油安全事件的统一指挥权。在上述事项上地方规制部门必须和中央规制部门协商并服从中央决定，这对于消除地方保护主义、破除区域垄断具有很好的作用，易于塑造良好的食用油市场竞争环境，促进食用油产业良性发展。但是设立独立的食用油安全规制机构也面临着现实困难，从中央层面来说，由于我国幅员辽阔、食用油产业的分散性会导致中央规制部门的工作任务十分繁重，规制成本也会大幅提高；从地方层面来说，彻底打破现有的多部门分段规制体制，会对地方体制造成严重冲击，阻力会非常大。

但是无论采取哪种食用油安全规制模式都要明确规制部门的职能和分工，做到职责清晰、相互协调、相互补充、统一指挥、分工负责，实现食用油安全监管职能的“无缝衔接”。

第二节　树立食用油安全全程规制理念

2015 年 10 月 1 日正式实施的新《中华人民共和国食品安全法》一个突出的亮点就是树立了“全程监管”理念，在食品生产、流通、消费环节建立最严格的全过程监管制度，这与本书的观点“不谋而合”。树立食用油安全全程规制理念是由食用油供应链的现实情况决定的。食用油供应链主要包括油料作物的种植、存储、运输、食用油的生产加工、存储、运输、批发、零售、食用油消费等诸多环节，节点众多。这些环节相互关联、相互制约，环环相扣，一个环节出现了安全问题，如果不及时控制就会进入下一个环节，如果下一个环节又出现了不安全因素，这样就会导致不安全因素越聚越多，安全问题就会越来越严重，如果人为地将供应链各个环节分割，分属不同的规制部门进行监管就会不可避免的出现推诿扯皮的不良现象。因此树立食用油安全全程规制理念，构建以食用油供应链为基础的监管模式势在必行。这是由食用油供应链各环节上的企业、政府规制部门、社会中间组织、食用油消费者、舆论媒体等协同合作共同完成的食用油安全规制模式。

基于供应链实现食用油安全全程监管，关键在于把好食用油种植（养殖）、生产加工、流通销售、终端消费各个关口，实现各个环节的无缝衔接，让百姓吃上放心油、健康油。一是要把好“源头关”。加强食用油原料生产的环境监测，防止产地污染，加强对化肥、农药等投入监管，推广相关知识的普及，严格执行农药最高残留和禁用方面的相关规定；二是要把好“生产关”。发挥食用油供应链核心企业（加工企业）的主导作用和自律意识，同时职能部门加强监管规制，保证购入的食用油原料质量安全，着重解决投入品和各种添加剂的滥用问题，大力推行食用油标准化生产，注重食用油产品的包装问题，防止包装物对食用油的污染；三是要把好“流通关”。构建检验检测体系，强化食用油质量安全的原产地准出机制和销售市场的准入机制，严格执行不合格食用油产品退市等项制度；四是要把好“消费关”。确保食用油产品在批发、配送、零售等环节的质量安全。建立和健全食用油安全监督量化分级管理，强化食用油进出货台账溯源制度，努力营造安全、放心、和谐的食用油消费环境。

基于供应链构建食用油安全全程监管体系更加严谨，针对性更强。食用油供应链涉及的环节众多，但总的来说，基本上是以食用油加工企业为核心，其上游环节是供应商，包括一级供应商和二级供应商。一级供应商指的是食用油原料的供应商，二级供应商指的是为食用油原料（油料作物）的形成提供种子、肥料、农药等投入品的供应商。食用油加工企业在整个供应链环节中的内部构成是最为复杂的，作为核心企业一般都包括很多部门，例如采购部门、研发部门、生产部门、营销部门、财务部门、物流部门等。食用油加工企业生产的食用油产品向下游供应给一级代理商，代理商再经过超商、粮油零售店等环节把食用油商品销售给终端消费者，这基本上就构成了食用油供应链的整个过程。食用油供应链相对复杂，要保障食用油质量安全难度较大，这需要政府、社会中间组织、食用油供应链各阶段的生产者的共同努力，按照法律法规做事，遵守职业道德，从源头抓起，重视每个环节的食用油质量安全，这样食用油安全才会有保障。我国在食用油质量安全规制方面已经制定了一些标准和法规，但是，不能满足我国实际的发展需求，和国外发达国家还有很大的差距。因此，在我国已有的食用油安全监管系统的基础上，还要重点加强食用油安全法律和标准体系、食用油安全预警体系、食用油安全监控体系、食用油安全溯源体系、食用油安全信用体系等几方面的食用油安全保障体系建设，并把这些体系贯穿于整个食用油供应链过程之中，形成基于供应链的食用油安全保障体系，如图 6 - 1 所示。

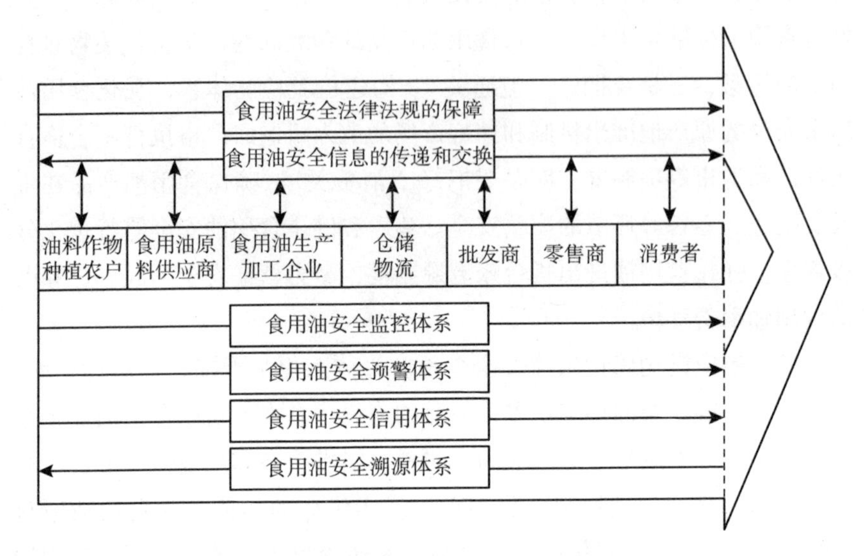

图 6 - 1　基于供应链的食用油安全保障体系

第三节　加强食用油安全法律法规建设

多年来我国一直致力于食用油安全法律法规建设，以 1955 年颁布的《食用植物油卫生管理办法》为发端，我国至今已经陆续发布了许多食用油安全法律法规，但从规制效果来看，不容乐观，究其原因主要是每部食用油法律法规都是在不同的时代背景下面对不同的问题制定的，在当前的情况下，其适用性和规制范围都会存在问题，规制效率也会大打折扣。所以，现阶段的当务之急是围绕 2015 年颁布实施的《新食品安全法》，通过制定新的食用油法律法规和整合完善现有法规资源两个渠道科学构建食用油安全法律法规体系。

一、梳理和修正现有的食用油安全法规

我国要以食用油安全的现实情况为基准，建立长远目标，加快与国际食用油安全标准接轨的步伐，这就要求食用油相关规制部门对现有的、分散于各个部门的食用油安全法律法规进行梳理、整合、修正和完善。关键是要以《新食品安全法》为核心，及时制定和修补现有食用油法律法规存在的漏洞，彻底解决各部门法规相互冲突的现象，淘汰落后法规。食用油安全法律法规的整合、修订工作要采取系统性和专业性相结合的原则，科学规划，一定要避免“政出多门”现象的发生。要通过对食用油安全法律法规的梳理、整合和修订工作将食用油供应链从“农田到餐桌”全过程的所有环节统一纳入到法制管理轨道，为各个食用油规制部门科学提供法律法规依据，做到有法可依、有法必依，提高食用油安全规制的效率与效果。

二、制定新的食用油法规要树立消费者优先理念

2015 年颁布实施的《新食品安全法》是食用油安全规制法律法规体系的核心，其基本理念体现了整个体系的法律价值所在，该法第一条规定：“为保证食品安全，保障公众身体健康和生命安全，制定本法”，虽然没有明确规定“消费者优先”的理念，但是“消费者优先、民众健康至上”却是整部法律的核心价值之一。树立“消费者优先”理念对于我国现阶段加强食用油安全规制十分必要，在围绕《食品安全法》这一核心构建食用油相关法律法规体系过程中要将“消费者优先”理念贯彻始终，在食用油新法制定过程中要强调食用油安全规制部门与消费者进行广泛地互动和交流，倾听消费者的意愿和心声，采纳消费者的意见和建议，并将其合理内核体现在食用油安全法规的制定和实施之中。在新法制定时为了增强消费者的参与度，可以采取以下几种形式：一是在食用油安全规制机构决策中吸收部分消费者作为民意代表，认真

听取他们提出的宝贵意见和建议；二是为了听取消费者意见可以搭建专门的平台，通过成立专门的食用油安全咨询组织，制定科学、民主、有序的参与程序，通过交互平台增加与消费者的日常交流；三是定期召开重大食用油安全问题的听证会、研讨会，邀请消费者广泛参与；四是食用油安全规制机构要与食用油消费者维权组织或其他消费者利益代言组织建立广泛联系，通过与相关组织的对话了解消费者意愿，并将建设性的意见措施纳入新的食用油法规之中。

三、加大处罚力度，提升法律法规的威慑力

我国食用油安全事故屡禁不止，究其原因，一个很重要的因素就是对食用油违法违纪的行为的惩处力度较弱，使得食用油企业的违法违规成本很低，与收益不成比例，这样食用油相关企业就会有违规生产的利益冲动，食用油安全事故频发就不难解释了。借鉴国际先进经验，应该尽早制定颁布与我国目前食用油安全状况相一致、更加严格的食用油安全法律法规，这也是由于食用油广泛存在于其他食品中的特性决定的，一旦食用油安全出现了问题，整个食品产业的安全必然无法得到保障。要尽快制定和颁布实施食用油安全事故的处理规范，规定食用油安全事故的调查处理程序和惩处细则，加大食用油企业违规生产成本，使其不敢违规生产。食用油安全事故屡禁不止的另一个原因是我国食用油安全处罚偏重于行政性处罚，主要是“以罚代管”，缴纳罚款成了处罚的主要形式，但是罚款主要上缴国库，与受害人无关，这样就不会形成受害人的追偿激励，另外从现实情况来看，行政罚款的操作空间很大，难以遏制政企合谋的腐败行为发生。为了加大惩处力度，提升食用油安全法律法规的威慑力，应采取下列可行措施：一是将行政罚款改为高额赔偿金，这既可以调动消费者进行食用油安全监督的积极性、主动性又可抑制执法腐败；二是不断健全食用油民事赔偿相关法规，由于食用油的后经验产品属性，建议采取举证责任倒置原则，并延长诉讼时效，消费者可以获取惩罚赔偿和精神赔偿双项赔偿金等，提高对不法食用油厂商的

威慑力；三是加大对不法厂商主要责任人的惩处力度，除了行政和刑事处罚外还可采取限期市场退出直至终身禁止从事食品及食用油行业工作的严厉处罚。

四、实行食用油安全问责制度

针对食用油安全规制容易出现规制者和被规制者“合谋”的现象，对规制者进行行政问责是比较好的办法之一。实行食用油安全问责制度，应该对食用油安全问责的标准、问责的行政程序、问责的具体方法以及相关制度保障进行界定与完善。2009 年 1 月我国颁布的《关于实行党政领导干部问责制的暂行规定》，为食用油安全问责制度的实行打下了坚实的基础，但是我们也应该看到，目前还存在一定的缺陷，例如该项制度的规章过于原则化，实际问责效果不佳，另外关于食品及食用油安全的行政问责制度大多散落于各个单行的法律、法规、文件、通知之中，统一性不强，可操作性不强，所以实行单独的食用油安全问责制度势在必行，可以有效增强针对性和可操作性，可以对食用油各级规制机构和个人形成强大的问责压力，一是可以有效防止规制者的寻租行为；二是可以打破地方保护主义，防止政企合谋；三是通过食用油安全问责制度，消费者、社会中间组织、媒体等各方力量就等于掌握了制约政府规制机构的“有力武器”，迫使食用油安全规制机构和个人对于辖区的食用油安全监管工作高度重视，加强食用油安全预防，减少食用油安全事故的发生，实现食用油安全规制目标。

第四节　加强食用油安全标准建设

加强食用油安全标准建设要坚持“科学合理、安全可靠”的基本原则，保证标准制定的先进性、严谨性、可持续性和可操作性。为了实现这一目标，在制定标准时要考虑以下几点：一是保证各个环节安全标准的一致性，能够实现食用油供应链全程的一体化控制标准；二是要坚持食用油安全标准的持续更新与改进，食用油安全标准不可能是一成不变的，是随着时代的进步不断发展变化的，这就要求我们动态划分影响食用油质量安全的各种因素，以利于食用油安全标准的优化、维护与实时更新；三是要注意与国际接轨，在当前我国食用油自给率不断下降，食用油及油料大幅进口的前提之下，食用油安全标准既要满足国内安全需要又要与国际接轨，这有利于减少国际贸易摩擦，掌握进口主动权。

一、加快步伐，实现食用油安全标准的规范化

以《食品安全法》（2009）为核心，我国已经基本形成了食用油安全标准体系，但是我们应该看到这套标准体系还存在诸多问题，例如，国家标准、行业标准、地方标准之间存在着矛盾、交叉、重复问题，重要安全标准缺失的问题，标准老化的问题以及标准与国际不接轨问题，等等，我国的食用油安全标准在水平上、配套措施上、数量上、有效性上、前瞻性上都与先进国家有着不小的差距。当务之急是以 2015 年《新食品安全法》颁布实施为契机，加快步伐，实现食用油标准的规范化，保证整套体系的健全与完善，一是要做好目前食用油安全标准的审核梳理工作，对已经过时或与当前现实情况不适应的食用油安全标准进行淘汰，对还有使用价值但有缺陷的食用油安全标准进行修订与完善；二是根据我国食用油安全法律法规做好食用油安全标准的配套工作，细化食用油质量标准指标，如溶剂残留、芥酸、食品添加剂、游离棉酚、异硫氰酸酯、农药残留、黄曲霉毒素等，尽快制定调和油国家标准和小品种食用油质量标准，补充我国重要食用油标准缺失的短板；三是有计划有步骤地向食用油企业推行与国际接轨的食用油质量安全程序控制标准，如危害关键控制点分析（HACCP）、良好生产规范（GMP）、良好农业规范（GAP）、良好卫生规范（GHP）等等，逐步实现我国食用油标准体系和标准管理体系国际化，确保食用油安全监管的规范化。

二、加强研究，实现食用油安全标准的统一化

我们要对国际食用油安全标准的现实情况和发展趋势进行深入研究，找出研究方向，加快我国食用油安全标准的制定和修订工作，彻底解决国家标准、行业标准、地方标准之间存在着矛盾、交叉、重复问题。一是对现行食用油安全标准体系进行优化清理，将国家标准、行业标准、地方标准中的强制执行标准予以整合，统一公布为国家标准；二是对食用油产品成分的检验检测方法的标准进行统一；三是对各成分的限量标准进行统一；四是加大对食用油检验检测标准设施和技术设备等硬件的资金投入，在标准统一的同时实现检验检测硬件设施的换代与统一；五是对油料作物的产地环境标准、贮藏运输标准、食用油生产加工工艺标准、食用油产品的贮藏运输标准等具体标准进行统一，实现食用油安全标准的统一化。

三、加大投入，实现食用油安全标准制定过程的专业化和程序化

实现食用油安全标准制定过程的专业化和程序化是保证食用油安全标准科学性、有效性的必要手段。一是要保证标准制定过程的专业化。这就要求政府加大财政投入和专业化人才培养力度。与美国、日本等发达国家相比，我国在标准技术科学研究上的投入严重不足，对食用油安全标准的制定和修订上的投入更是少得可怜，并且还存在专业化人才严重缺乏的现实问题，引进和培养专业化人才也需要大量的资金投入，因此，只有加大投入和加强专业化人才培养力度才能为食用油安全标准制定与改进提供物质保证；二是完善食用油安全标准制定的程序。食用油安全标准的制定虽然是食用油安全规制部门的主要工作，但是也离不开专家学者、社会中间组织和消费者的广泛参与，倾听他们的意见和呼声有利于保证食用油安全标准制定和修订的科学性、前瞻性，这就需要设

定必要的程序，吸收社会各界的广泛参与，可以借鉴国际先进经验，在食用油安全标准制定、修订过程中，采取公布热线电话、搭建网络平台甚至微信平台方便社会各界进行讨论交流，并采取食用油安全标准草案网上公示、举办听证会等多种形式，广开言路，确保食用油安全标准制定的科学性、适用性和前瞻性。

第五节　加强食用油安全规制环境建设

当前，加强我国食用油安全规制环境建设关键要做好提高食用油消费者维权水平、增强食用油行业自律水平和加强社会舆论监督等三个方面的工作。

一、提高食用油消费者维权水平

食用油产品具有后经验产品属性，仅仅凭借感官往往无法判断质量的优劣，往往是吃过了一段时间才能知道食用油品质的好坏，一旦出现食用油安全问题往往无法逆转，所以食用油消费者在食用之后的体验和反应对于发现食用油安全问题十分重要。但是当前由于食用油消费者维权意识淡薄，加之维权渠道不畅，维权成本过高等原因导致消费者食用到不安全、劣质食用油产品往往“自认倒霉”，选择沉默，维权态度消极，这无疑会助长不良厂商的嚣张气焰，不利于食用油消费整体安全。因此，我们必须采取措施积极应对，一是提高食用油消费者维权意识。我国可以借鉴欧美发达国家经验，增加食用油消费者在制定相关法律、法规时的发言权，充分吸纳他们的意见建议，发动更多的消费者参与食用油安全监管的各个环节，这不仅在全社会提升了消费者的地位，也会自觉不自觉提高消费者的维权意识。二是对食用油消费者维权采取激励性措施。在食用油企业的利润和政府税收中固定抽取一定比例的资金用于奖励消费者对食用油安全问题的举报。各级食用油安全监管部门针对食用油安全举报要设立专门的电话、信箱、网站、电子邮箱甚至微信群，激励消费者通过举报加强对食用油安全的监督，并对线索及时调查取证、实时追踪检验检测，要将检验结果及时向上级食用油规制部门汇报，遇到重大食用油安全事件要立即启动应急预案，同时要将检验结果及时通报消费者、相关监管机构以及媒体，并根据违法情节对食用油企业进行处罚，对举报人兑现奖励，这既有利于激励消费者参与食用油安全监管，也有利于鞭策食用油企业维护自身形象，生产优良的食用油产品，维护食用油行业健康发展。三是努力降低食用油消费者的维权成本。食用油消费者受到不法伤害却无维权动机和行动，维权成本过高是主因。要提高食用油消费者的维权水平就必须降低维权成本，主要可以采取以下几个措施：第一要降低食用油产品鉴定费用。问题出现后鉴定的地点、时间、程序、高额费用困扰着食用油消费者。针对这些问题，在流程上可以采取食用油消费者向食用油监管机构投诉，由监管机构指定鉴定机构，由食用油消费者按照约定的时间前往鉴定机构进行鉴定。针对鉴定费用高的问题，国家要给予一定的补助，并且对于危害程度较高食用油安全问题，鉴定费用要由食用油企业先行垫付，根据鉴定结果决定鉴定费用由企业还是消费者支付；第二要合理配置法律资源。目前，按照《消费者保护法》的相关规定，食用油消费者运用法律手段，个人提起诉讼是维权的主要途径，但是这会消耗食用油消费者大量的时间和精力，无法与企业的团体和经济优势抗衡，往往被迫退出、无功而返。因此，建议在法律上规定食用油消费者可以委托食用油行业社会中间组织代行维权诉讼，所获补偿由食用油消费者和食用油社会中间组织共同分享；第三要健全代表人诉讼制度。食用油安全事件的发生，往往涉及众多的食用油消费者，例如，地沟油事件、金浩茶油事件、大统长基黑心油事件等都造成成千上万的食用油消费者受害。每个人都去诉讼显然不可能，这样就需要启动代表人诉讼制度为整个受害群体进行维权行动。我国代理人诉讼制度还存在对代表人资格要求过高、诉讼成本过高的现实问题，借鉴国外经验，建议降低代表人选出难度，提高诉讼的便利性、获得赔偿的便利性，将代理人诉讼制度落到实处。

二、增强食用油行业自律水平

在食用油行业，提高食用油企业的自律水平是保证食用油质量安全的根本所在，主要可以采取以下措施，一是食用油企业必须将自身质量体系建设作为立业之本。食用油企业要严格遵守食用油安全生产的相关规定，杜绝偷工减料、以次充好的短视行为，不断增加企业投入，保证食用油原料质量，在生产过程中严格管理，注重食用油加工工艺的更新换代，积极引进先进的食用油生产加工设备，改善储藏和运输条件，从而保证生产出优质的食用油产品。二是食用油供应链上各个环节的企业要公平有序的竞争，合理分配行业利润。食用油行业出现严重的食用油安全问题，一方面原因是不法企业为了牟取暴利不择手段，偷工减料、非法添加不良成分、非法进行调和油勾兑、以次充好；另一方面原因是在整条供应链上各环节的利润分配机制出现了问题，例如，作为核心企业的食用油生产加工企业之间恶性竞争，竞相压低食用油原料收购价格，导致油料供应商无利可图被迫以降低油料品质来应对不利局面，所以要保障食用油质量安全不仅要从技术上对食用油企业进行规范约束，还要进一步理顺食用油行业的利润分配机制，使食用油供应链所有环节上的企业都在合理的利益格局中收益，这样才能给食用油安全提供根本保障。三是要发挥典型示范作用，促进食用油行业自律水平的提高。在食用油行业内部可以开展食用油生产经营“明星企业”、“示范企业”、“达标企业”的培育引导工作，起到榜样的示范引领作用，在食用油企业“比、学、赶、超”中逐步提升食用油行业自律水平；四是借助保险准入提升企业的自律水平。食用油企业是食用油质量安全的风险主体，将最终承担食用油出现质量安全问题的主体责任，通过食用油质量安全保险准入制度，食用油企业向保险公司缴纳一定数额的保险金，一方面可以在出现意外的食用油安全事故时保障食用油企业正常经营；另一方面也可以防止由于企业出现食用油质量安全事故导致破产无法对消费者进行赔偿情况的发生，更重要的是通过缴纳食用油质量安全保险金的行为促进食用油企业提高食用油安全责任意识，提升自律水平，从而带动食用油行业自律水平的提高。

三、加强社会舆论的监督作用

社会舆论监督的主要形式是新闻媒体监督。新闻媒体监督具有传播速度快、传播范围广、影响力强大等特点，能够在短期内迅速集中公众的注意力，汇聚成巨大的社会压力。例如，金浩茶油致癌物质事件、地沟油事件、丰瑞猪油质量门事件都是由媒体率先曝光而得到有效解决。针对目前新闻媒体监督存在的问题，例如监督得不到食用油规制部门的支持和配合、受到地方保护主义干扰等客观问题以及喜欢“抓热点”吸引眼球而忽视对优质品牌和优质企业正面报道等主观问题，提出如下建议：一是食用油安全规制部门要以2015《新食品安全法》为准绳，认真将该法第九条第三款“新闻媒体应当开展食品安全法律、法规以及食品安全标准和知识的宣传，客观公正报道食品安全问题，并对违反本法的行为进行舆论监督”落到实处，在监管工作中出台相关细则，以法规的形式支持和配合媒体的舆论监督活动；二是政府要在媒体对食用油安全进行舆论监督时保持其新闻报道的独立性，杜绝掺杂政治因素对媒体报道的干扰，特别是要摒除地方保护势力对食用油安全事件报道的干扰；三是对于新闻媒体自身来说，做好食用油安全规制的舆论监督还需要不断提升新闻从业人员的业务素质、学习掌握食用油安全相关专业知识，这样才能培育出其对食用油安全问题的敏锐嗅觉，并能保持食用油安全事件新闻报道的科学性、准确性和真实性；四是从大的社会环境来说，政府要确立正确的新闻导向，引导媒体多对食用油优质品牌和名优企业的正面宣传报道工作，弘扬生产优质产品光荣、生产劣质产品可耻的正气，同时为媒体进行新闻调查给予足够的便利条件和政策法规支持，在社会上形成新闻自由的优良风气。

第六节　加强食用油行业社会中间组织建设

一、为社会中间组织提供良好的法律和制度环境

一是要进一步明晰食用油行业中社会中间组织的法律地位。明确界定政府和社会、政府和企业的边界，明晰社会中间组织在食用油安全规制中的职能。增强社会中间组织相关法规的可操作性，制定社会中间组织参与食用油安全管理的相关细则和专项法规，实现对社会中间组织管理的法制化和规范化；二是为社会中间组织提供政策支持。在食用油行业社会中间组织发育还不成熟、作用发挥还不十分明显的现实情况下，更需要政府采取措施加以扶持，例如划拨活动经费、设立专项基金等，对其会费收入、社会捐赠收入等予以税收减免等；三是发挥典型示范作用，优先向运行良好、影响力大的食用油行业社会中间组织转移食用油安全管理职能；四是不断健全和完善社会中间组织的社会保障制度，其工作人员的社会保障应当等同于公务员、事业单位人员，同样享有养老、医疗、失业、生育和工伤等基本社会保险，保证社会中间组织人才队伍的稳定。通过不断健全相关的法律法规，赋予社会中间组织工作职能，提供工作保障，通过服务行为树立社会形象，确定其应有的社会地位。

二、加强社会中间组织与政府的合作互动

在食用油安全规制上，只有政府和社会中间组织形成合力，才能确保监管的有效性，这就要求政府和社会中间组织加强合作与互动，特别是社会中间组织更应该加强与政府合作互动的主动性。事实表明，往往主动和政府联系，乐于和政府合作的社会中间组织才能获得政府的信任和支持，能够被赋予更多的权力，其在食用油安全监管上的作用能够得

到更大限度的发挥。加强双方的合作互动，一是要加强科研与合作。政府在食用油安全监管上无法做到面面俱到，社会中间组织可以发挥人才荟萃、智力汇集的优势，与政府展开合作，在技术咨询、项目合作、引进国外先进技术、加强国外相关组织合作等方面大有作为，同时发挥社会中间组织覆盖面广、信息量大的优势，为政府收集民众意见信息和食用油行业动态，为政府决策提供建议和参考。二是要明确合理分工。当前政府在食用油安全规制上仍然发挥着主体性作用，这种作用只能加强不能削弱，但是要进一步加强社会中间组织的作用，形成“强强联合”。在这种联合之中要明确二者的合理分工。一些专业技术性工作，例如食用油安全检测、设备检验、信息收集、人员培训以及风险评估等政府可以明确交给社会中间组织来做，由政府对社会中间组织的工作进行监管和评价并付给相关费用。但是一些影响较大的决策性事项则必须由政府亲力亲为。三是要明确社会中间组织在发生重大食用油安全事件时应承担的责任。责任的明确有利于提高社会中间组织的使命感和责任感，避免“事不关己高高挂起”的心态作怪。

三、加强社会中间组织之间的协调配合

一是要强化食用油社会中间组织之间的信息交流。例如建立信息联络员制度、会长例会制度等，这有利于各个社会中间组织之间联合起来，取长补短，集思广益，共同承担食品安全管理责任；二是要为食用油社会中间组织建立规范性的联络沟通平台。通过制定联络沟通平台规则，明确社会中间组织使用平台的权利和义务，理顺关系，促进政府、社会中间组织以及食品企业和广大民众在平台上进行交流与互动；三是要建立国家、省、市、县区各级专门协调组织。针对目前食用油行业社会中间组织普遍缺乏协调与配合的现实情况，有必要在不同层面建立专门的协调组织，实现宏观调控，既有利于统一行动形成工作合力，又有利于协调社会中间组织之间的利益关系，化解矛盾，推动食用油行业社会中间组织良性发展。

四、加强社会中间组织自身建设

“打铁还需自身硬”，社会中间组织要在食用油安全监管中发挥重要作用，还要不断加强自身建设。一是要加强资金筹措能力和资源动员能力。这有助于防范社会中间组织内部治理失效，促进组织发展壮大，同时，雄厚的经济实力和资源整合能力也有助于食用油行业社会中间组织有效参与政府管理，对政府在食用油方面的决策施加影响；二是要树立品牌意识。目前食用油行业社会中间组织在这一方面还很薄弱，没有形成中国扶贫基金会“爱心包裹”、中国妇女发展基金会“母亲水窖”项目这样具有广泛影响的品牌。树立品牌是食用油行业社会中间组织提升信誉度和影响力的有效手段，必须高度重视；三是要提升专业化水平。社会中间组织参与社会管理的能力高低取决于其管理者和工作人员的文化水平、管理能力和专业素养。因此社会中间组织只有广泛吸纳专业人才才能有效发挥作用。加强社会中间组织专业化水平不但要设计好项目吸引志愿者参加，更要加强对志愿者的培训，同时注重组织内部各项专业环节的构建，强化相关制度建设；四是要加强食用油社会中间组织的廉洁自律建设。首先，加强廉洁自律是社会中间组织良性发展的内在要求。由于道德风险和信任危机的广泛存在，社会中间组织破解发展难题的关键在于赢得各方面的信任，这就要求社会中间组织不断加强道德制度建设，提升组织成员的道德修养和专业素养，力争在复杂的环境中赢得立足之地；其次，加强廉洁自律是政府和公众的外在要求。社会中间组织的经费主要来源于政府的资助和公众的捐助，社会中间组织通过为政府承担一部分服务职能从而获得政府的财政资助，通过帮助消费者维权、提供食品预警信息等服务而获得捐助，赢得政府和公众的信任就必须加强自身的廉洁自律，杜绝欺瞒、包庇现象，在食用油安全监管中发挥“正能量”；最后，加强社会中间组织廉洁自律是营造食用油企业公平竞争环境的起码要求。杜绝个别不良社会中间组织和不法食用油企业之间的串谋，有利于净化市场环境。

第七章

中国食用油安全全程规制体系的构建

为了保证人民群众能够吃上放心油、健康油，建立一套行之有效的食用油安全规制体系很有必要。从目前看，比较理想的构建模式是以“全程规制”理念为指导，基于供应链构建食用油安全规制体系，它可以实现食用油在源头上原料有保证，在生产和运输过程中有控制，在消费过程中有追踪，在事后有反馈。基于供应链构建食用油安全规制体系归结起来就是要构建利于实现全程规制目标的四大规制体系——食用油安全预警体系、食用油安全监控体系、食用油安全溯源体系和食用油安全信用体系。

第一节　建立食用油安全预警体系

食用油安全预警体系的构建是一项复杂的系统工程，其关键是要有一套科学合理的指标体系。指标的选取要遵循以下原则，一是要坚持科学性原则。食用油安全预警指标不仅要考虑与其他事物、现象的关联性，之间相互作用的因果关系，更要具有前瞻性，符合食用油的科学发展，另外要建立合理的时间序列，分析食用油安全发展过程，收集过去和现在的数据和信息，实现食用油安全预警的定量分析。二是要坚持全面性和重要性相结合的原则。既要保持预警的系统性和完整性又要学会抓住主要矛盾，选取重要指标，因为将所有指标都囊括其中是不现实的。选取的重要指标要能够最大限度地反映食用油质量安全的发展变化和未来趋势。三是要坚持稳定性和灵活性相结合的原则。食用油安全预警的周期较长，预警指标选取需要具有稳定性，这样才能建立严密的时间序列数据，才能反映各个因素之间的因果关系。此外，食用油安全预警又是一个动态过程，指标的选择要注意灵活性，保持指标的灵敏度。四是要坚持定性与定量相结合的原则。食用油安全预警指标涉及方方面面，既有定量指标又有定性指标，包括政治风向、经济发展、社会管理、产品监测、主客观等具体因素，既不能客观偏废也不能主观忽略，否则就会产生预警偏差，所以必须坚持定性和定量分析相结合的基本原则。

一、食用油质量安全预警指标体系构成

根据预警指标选择的原则，以理论研究和实证研究为基础，作者提出了基于供应链的食用油质量安全预警指标体系，分为三个层次，第一层次是总体目标，第二层次是指数设计，第三层次是具体指标。设定总体目标为食用油质量安全总警度（early warning system，预警系统）；指数设计包括油料作物原产地的环境测评指数，油料作物生产指数，食用油加工技术指数，食用油产品包装储运技术指数，食用油商品销售的质量指数，食用油安全管理指数，食用油监测技术指数等；具体指标包括油料作物种子标准、农药标准、土壤标准、加工工艺标准、加工设备标准、仓储技术标准、运输技术标准、检测机构建设水平、食用油质量抽检合格率，等等。详见图 7 - 1 基于供应链的食用油安全指标体系。这些预警指标的设定与食用油供应链链条的顺序走势是一致的。食用油安全预警指标体系既可以评价又可以预警。预警是指对未来事物和现象的一种评价。通过对食用油安全预警指标的不同组合，能够达到不同的功能诉求。归结起来，基于供应链的食用油安全预警指标体系主要能够实

现两大功能，首要功能——食用油质量安全预警；次要功能——食用油质量安全评价。预警指标包括领先、同步及滞后三种指标。其中领先指标又可称为警兆指标，同步指标又可称为警情指标。分析基于供应链的食用油安全预警指标体系，我们发现，全部预警指标中，有警兆指标22个；有警情指标1个，食用油质量合格率；有滞后指标1个，食用油中毒人数。如图7-1所示。

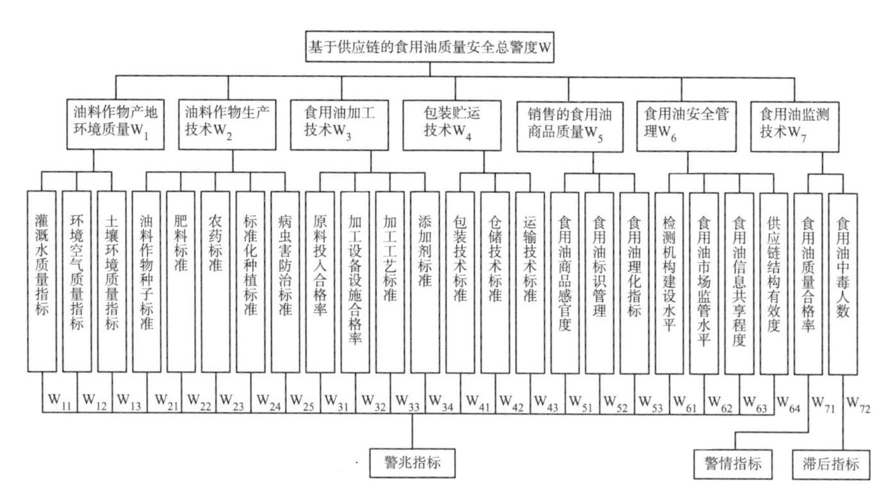

图7-1　基于供应链的食用油安全指标体系

二、食用油质量安全预警系统的建立和实施

确立了食用油安全预警指标体系之后，我们要做的关键性工作是建立食用油安全预警系统。这个预警系统既是食用油安全预警的研究平台，又是食用油安全预警的实践载体，可以实现四个方面的功能：一是食用油安全预警结果的发布平台；二是食用油安全风险交流的平台；三是食用油安全教育培训平台；四是食用油消费者维权平台。

（一）确立食用油质量安全预警系统的基本框架

食用油质量安全预警系统由三个子系统组成：信息源、风险分析和预警应对，如图 7 - 2 所示。

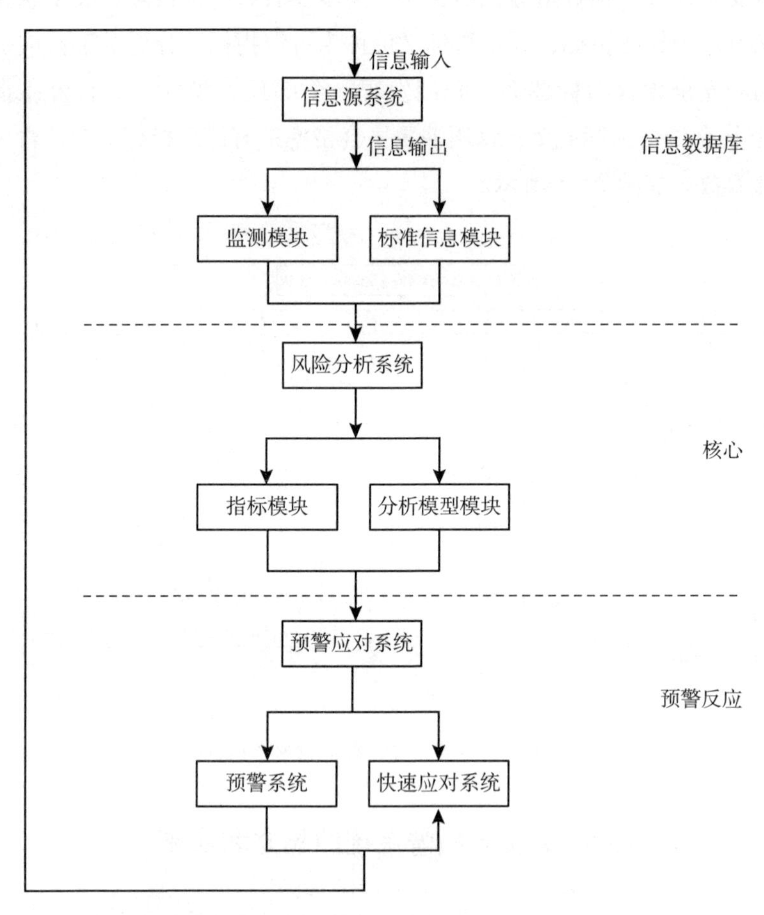

图 7 - 2　食用油质量安全预警系统的基本框架

1. 信息源系统

其实质是食用油安全的信息数据库，具有收集、梳理、保存、实时更新、实时补充预警系统运行所需数据及信息的功能。食用油安全预警系统包括输入和输出两个端口。信息源系统是预警系统的输入端，是预警系统运用实时监控、数据统计、计算分析等功能获得的数据及信息。输出端则是将信息源系统获得的有价值的数据信息向外输送。信息源系统在整个食用油预警系统中的地位和作用十分重要，是预警系统有效发挥作用的基础，所以必须加强食用油安全数据库的构建，强化数据库信息和数据的收集、梳理、保存、汇总、实时更新、实时补充等项功能，进行动态管理，保持信息和数据的重要性、主体性、先进性和及时性。信息源系统可以由不同的模块组成，每个模块再分成不同的层级，每个层级相互关联，环环相扣。食用油安全信息源系统由监控模块和标准信息模块两大功能模块组成。监测模块通过对监测网点和监测时点的合理设置和布局来获得数据和信息，涉及食用油供应链各个环节，范围很广，网点建设的工作量很大，需要耗费较大的人力和物力。针对食用油供应链的各个环节，结合预警指标体系，可以将监测模块向下分解为若干子模块，例如，油料产地环境监测模块、食用油产品检验和检疫模块、食用油安全物流监测模块、废弃油脂的回收监测模块，等等。设定必要的监测子模块的同时，还要合理的进行监测网点的布局，既要全面又要抓住重点，以油料作物产地监测为例，既要抓住国内油料作物的主产地，例如大豆在黑龙江、吉林，花生在山东、广东，油菜籽在四川、安徽，芝麻在河南、湖北等地的监测，也要考虑我国油料及食用油主要进口国美国、巴西、阿根廷、加拿大、马来西亚等国的网点监测，同时对北京、上海这样的食用油消费量巨大的重点地区加强监测。要以科学设定监控子模块为基础，科学布局监控网点，确保数据信息收集的科学性、准确性，保证监测模块的实效性和操作便捷性。标准信息模块主要用来对食用油安全相关数据、政策等信息的收集和存储，包括我国及国际的食用油相关法律法规、食用油相关标准等子模块，其特点是信息的标准化、国际化和通用性。建设信息源系统要注意监测模块和标准信息模块的整合和共享，增强便利性和可操作性，这是实现食用油安全预警的基础。目前，我国的食用油安全预警系统的建设仅仅停留在食品安全层面，而且已经建设的数据库多为行业或管理部门内部的，专属性高，信息覆盖面较为狭窄，很难共享。但是，随着食用油消费量的迅猛增长、食用油产品的多样性发展、食用油安全风险的日益增大，在很多情况下无法准确划分食用油具体的归属管理关系，这就需要不断加强跨部门、跨地区的信息交流与合作。所以，及早加强沟通，整合资源，合理布局，实现食用油供应链各规制部门信息共享和综合利用，是当前建设食用油安全预警系统的当务之急。

2. 风险分析系统

该子系统是预警系统的输出端，是整个预警系统的核心，关乎系统的预警质量和预警水平。风险分析系统由指标模块和分析模型模块两个部分组成。指标模块由食用油质量安全预警指标体系构成，能够对食用油安全做出预测和判断，在前文已经进行了详细介绍。分析模型模块由风险分析模型子系统和专家评估子系统两个部分组成。风险分析模型子系统接收信息源系统提供的数据，并加设限定条件进行模型运算，得出风险评估结果，在分析模型模块中侧重于量化分析。专家评估子系统由食用油安全专家团队组成，更侧重于定性分析。目前，由于食用油风险分析数学模型的建立还有很多现实困难和局限性，利用好专家团队进行预警分析是一个比较现实的选择，其关键是专家的选择，有三个要点：一是要能涵盖食用油供应链的各个领域；二是要对专家的工作职责进行限定；三是专家分析评估程序要完整科学。

3. 预警应对系统

该子系统是整个预警系统的执行系统，对风险分析系统的分析结果进行快速反应，发出预警控制指令，由一系列决策措施组成，包括预测、警报、调控和快速应对等步骤。该子系统是整个食用油安全预警系统工作成果的具体体现，主要有两方面的工作：一是平时基于食用油供应链对食用油安全进行监测与监控；二是应对和防控食用油紧急突发事件。第一种状况，如果风险分析系统没有发现问题，预警应对系统的应对策略为继续常规监测。这种常规监测需要监管人员、监管机构的忠于职守，密切配合、及时协调，避免出现漏洞，导致反应系统失灵。第二种情况即发生了食用油紧急突发事件，直接考验预警应对系统的快速反应和危机处理的科学化水平，其关键在于把握先机，有效控制，将危机消灭在萌芽状态。预警应对系统在应对危机时主要采取报告、信息发布和启动应急预案等项制度。报告制度是指按照法定程序将从风险分析系统获得的数据分析结果第一时间上告给上级部门，同时向食用油安全有关部门和广大民众进行预警信息通告。通过报告制度，为上级部门及时决策，相关部门和公众及时采取预防措施创造条件，使全社会广泛享有知情权。信息发布制度是指预警信息由食用油安全规制权威部门（食药总局等）进行发布，由正规的传媒渠道进行公示，保证预警信息能够快速准确规范的传播。信息发布制度的实施有助于消费者及时获得食用油安全信息，有助于食用油供应链上的企业及时了解食用油安全市场信息，有助于政府职能部门及时掌握食用油安全监管信息。应急预案制度是一套快速反应系统，是对突发的、重大的食用油安全事件进行危机处理的计划和方法，针对不同的危机等级制定不同的规则和流程，制定相应的对策和措施。这套快速反应系统有着自身的特点，第一，统一指挥，分级负责。食用油安全事件一旦发生，波及的范围往往很大，造成的危害后果往往很深，政府作为规制的主体必须要有担当，肩负职责，快速应对，第一时间启动应急预案，统一指挥协调各职能部门，并实行分级负责，统筹管理，果断控制和处理危机；第二，依靠科学，分工合作。制订计划和应对危机时要把握客观规律，尊重科学，汇聚各方面专业力量，分工合作，多倾听专家的意见建议，多深入基层实际掌握第一手信息，保证应对方案的科学可靠；第三，实时追踪，响应迅速。在常规时期，快速应对系统处于“待机”状态，其主要任务是根据食用油安全的发展变化动态调整信息存储。一旦出现食用油安全危机信号立即启动快速应对系统，保证应对措施及时有效。

（二）食用油质量安全预警系统的基本功能

主要有四项功能，第一项功能是信息查询，具体项目主要有食用油标准信息查询、食用油产品信息查询、食用油产品检验检测信息查询、食用油产品风险因素查询等多项内容；第二项功能是参照对比，具体步骤是先将购买的食用油产品到专业部门进行检验检测，然后将得到的检测结果输入到食用油安全预警系统，和系统中的参照标准进行对比，得出参照对比的具体结果，例如是否有违禁危害物检出，是否有限量危害物超标，等等，也可根据实际需要调整对比内容和对比项目；三是预警功能，这是食用油质量安全预警系统的核心功能，可分为微观和宏观预警两个部分。微观预警是单警度预警，通过输入单一数据对比预警系统建立的单因素、单产品预警模型进行预警，并赋以数值确定单警度。宏观预警是总警度预警，通过输入综合性数据资料对比预警系统建立的综合质量安全预警模型，进行宏观预警，并赋以数值确定总警度；四是溯源功能，食用油质量安全预警系统是一个相互关联的系统，通过产品检测和各种预警指标的相关链接可以实现预警系统的溯源功能，快速清查食用油供应链各个环节的安全问题，实现预警的快速反应。

第二节　建立食用油安全监控体系

2015年新修订的《中华人民共和国食品安全法》颁布实施以后，我国负责食用油安全监控的部门主要有国务院食品安全委员会、国家食品药品监督管理总局、国家卫生和计划生育委员会、农业部、国家质量监督检验检疫总局等部门。其中，国务院食品安全委员会负责食用油安全工作的总的统筹指挥、研究部署食用油安全监管的重大决策；国家食品药品监督管理总局承担食用油生产、流通、消费三个环节的安全监管，并负责食用油安全的综合协调工作；国家卫生和计划生育委员会主要负责食用油安全的风险评估和食用油安全标准的制定工作；农业部主要负责对油料作物的生产环节进行监管；国家质量监督检验检疫总局主要对食用油及油料作物的进出口活动进行监管，等等。食用油供应链的各个环节都有了明确的监控部门。

食用油安全监控体系的建立要以食用油安全目标为基点，从源头抓好食用油原料质量，不断规范和强化食用油加工生产安全行为。归结起来主要做好四个方面的工作，一是加强立法，建立和完善食用油安全法律法规；二是不断完善食用油安全预警体系建设；三是加强食用油安全规制职能部门之间的协调与协作；四是以食用油供应链为基准，构建

"从农田到餐桌"的全程监控体系。在食用油安全监控体系的建立过程中要遵循以下基本原则，第一，要将食用油安全上升为国家战略。食用油安全关系到最基本的民生问题，其公共产品的属性也要求其安全性要由政府来保障，换句话说就是要执行国家的质量安全控制战略。战略的实施既要考虑当前食用油质量安全存在的严重问题和未来食用油安全问题发展的趋势，又要考虑国内经济、社会的制约因素，还要考虑国际上的一些制约因素，例如食用油的国际标准、食用油保护领域的国际承诺以及安全风险的防范，等等。第二，坚持对食用油产品及其生产者实行双重监督的原则。要从源头上实现食用油质量安全，仅仅对食用油产品进行单一的质量检测监控是不够的，为了确保监控的有效性，增强食用油生产者的法律责任意识，应实行双重监督模式——既对食用油产品进行监督又对食用油生产者进行监督。第三，坚持对食用油安全实施全过程监控的原则。从食用油原料生产开始将食用油安全理念灌输到供应链的每个环节，这有利于将食用油质量安全风险降到最低，切实保护消费者利益。第四，坚持发挥社会力量的原则。对食用油质量安全的监控既要发挥政府规制部门的主体作用，同时也要重视社会力量的有效参与。食用油质量安全的实现要依靠社会上所有人的共同努力和参与。媒体、社会中介组织等社会力量在食用油质量安全监控、安全信息传播以及食用油质量安全技术的革新与推广等方面的作用不容忽视。

一、食用油质量安全监控体系的构成

该体系是由监控的机构、职责、程序、过程以及相关资源构成的有机整体。食用油质量安全监控体系主要包括过程监控、要素监控和功能监控三种形式。

（一）过程监控

按照食用油加工流程，将食用油生产加工的整个过程分为加工前、加工中和加工后三个子系统，并将这三个子系统确定关键控制点。食用油质量安全过程监控的执行机构有食药总局、农业部、质检总局、卫计委等规制部门，其主要依据是国家食品、食用油质量安全标准、相关的法律法规。对食用油加工前监控主要是对油料作物、油料作物生产投入品以及油料作物产地土壤、空气、环境等情况的监控；对食用油进行加工中监控包括生产加工现场管理、工艺标准、设备标准、产品成品质量检测等监控项目；对食用油进行加工后监控包括食用油产品的包装、存储、物流运输、批发、零售等监控项目。

（二）要素监控

影响食用油质量安全的要素主要包括物质类要素、非物质类要素以及辅助类要素三个组成部分。食用油质量安全要素监控就是将这三个组成部分确定为三个子系统。物质类要素监控子系统包括油料作物、食用油生产硬件设施、产品添加剂等要素；非物质类要素监控子系统包括加工流程工艺标准、食用油检测标准、检疫方法以及存贮方法等要素；食用油加工辅助类监控子系统包括食用油生产加工工程和环保测评等要素。

（三）功能监控

按照食用油质量安全的监控功能，该系统包括四个子系统，即食用油生产执行监控子系统、检验检测监控子系统、预警监控子系统和调控监控子系统。食用油生产执行监控子系统就是对食用油生产加工情况进行监控；食用油检验检测监控子系统以检验检测科学技术为依托结合经济侦查以及法律法规约束等措施对食用油生产执行系统进行追踪监测，保证食用油产品质量安全；食用油预测预警子系统是在食用油检验检测系统提供相关数据的基础上进行风险分析，对食用油质量安全情况进行预测、预报，对存在的潜在风险进行预警。食用油调控协作子系统是“调度中心”，其作用是与生产执行、检验检测、预测预警三个子系统协作配合，动态调节影响食用油质量安全的各方面因素，使其达到最优配置。食用油安全监控体系如图 7 – 3 所示。

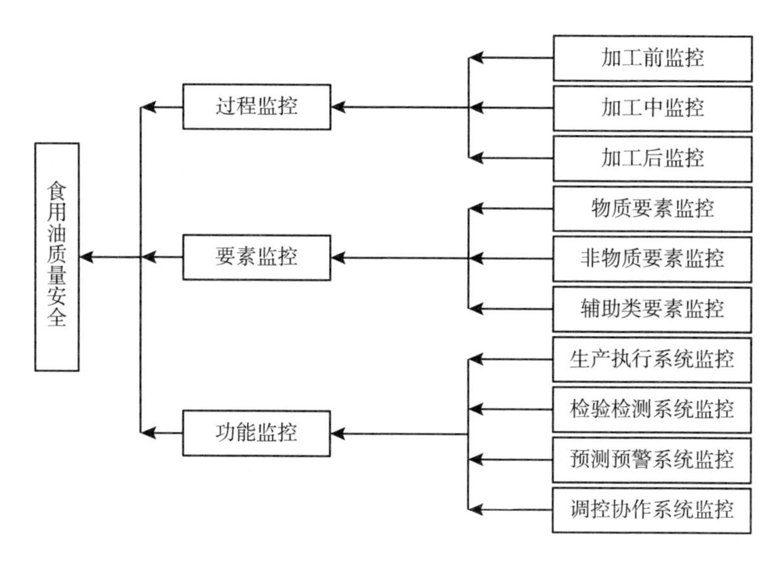

图 7－3　食用油安全监控体系图

在当前食用油质量安全监控以政府为主导的模式下，影响食用油质量安全的要素主要有监控主体、监控技术、监控环境以及监控制度等。这些要素彼此制约、相辅相成才能构成食用油质量安全监控体系的运行系统，每个要素自身都能良性运转才能保证整个食用油质量安全监控体系的有效运行，如图 7－4 所示。

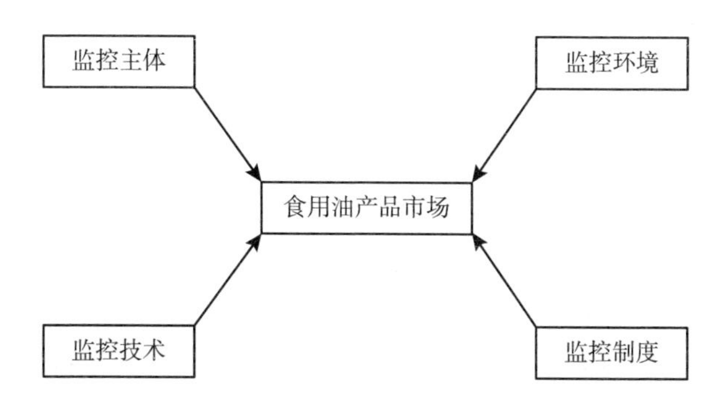

图 7－4　影响食用油质量安全要素构成

二、食用油质量安全监控体系的建立和实施

（一）构建有效的食用油质量安全监控体系

构建有效的食用油质量安全监控体系有利于保障消费者权益，促进社会稳定，顺应经济、社会发展需要。建立和完善我国的食用油质量安全监控体系要从食用油安全风险评估着手，在食用油供应链中找出关键控制点，对其危害进行重点监控，依托先进技术和政策法规，沿着供应链，明确政府规制部门、食用油生产企业以及消费者的各自责任，从而构成整体的监控网络。整个监控体系包括六大部分：一是食用油质量安全法律法规体系，为整个监控体系有效运行进行“保驾护航”；二是食用油质量安全标准体系，为食用油安全生产加工提供标准和指南，这是监控体系的技术保障；三是食用油质量安全的检验检疫体系，对食用油产品进行检测，可以发现生产者掺假、造假、生产地沟油等伪劣产品的不法行为，为有效执法提供技术依据，这是监控体系“千里眼”和“顺风耳”；四是食用油质量安全认证体系，这个体系能够有效约束生产者的生产行为，同时发挥食用油规制部门的强规制作用，这是监控体系的有效手段；五是食用油质量安全市场信息体系，和其他体系密切配合，协调运作，收集食用油生产和质量安全的相关信息，通过技术手段对数据进行风险分析，进行食用油质量安全预警预报，这是整个监控体系的“大脑和神经中枢”；六是食用油质量安全技术创新体系，这是保障整个监控体系与时俱进、科学运转的不竭动力和源泉。协调、整合六大体系，以食用油质量安全法律法规体系为保障、以标准体系和检验检测体系为技术支撑，以认证体系为手段，以信息体系为中枢，以创新体系为“源动力”，合力构建食用油质量安全监控体系，具有很强的科学性、完善性、合理性和实效性。食用油质量安全监控体系构成如图 7 –5 所示。

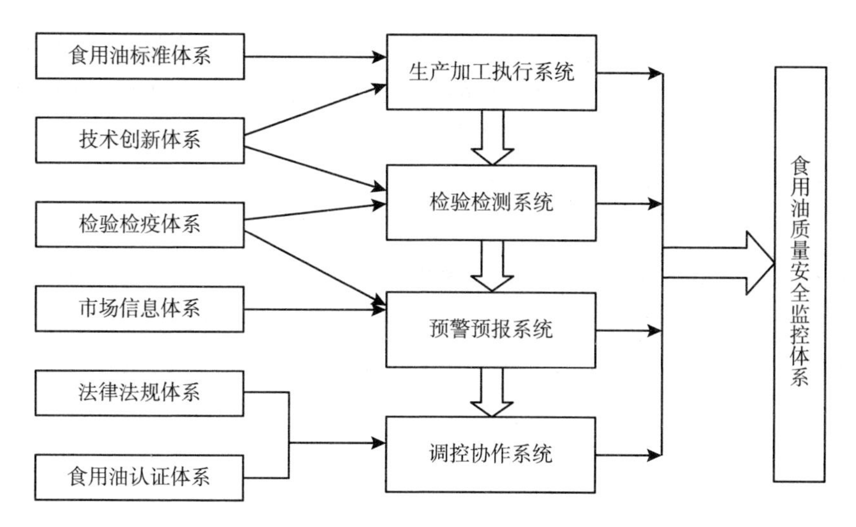

图7－5　食用油质量安全监控体系构成

（二）食用油质量安全监控体系的实施

基于供应链构建食用油质量安全监控体系是应对食用油质量安全问题的有效措施。按照节点划分，整个体系可以分为产前、产中和产后监控三个组成部分，但是为了保证监控措施的连续性还要强调全程监控。按照产前、产中、产后三个阶段划分，其实质是在食用油供应链中以食用油加工企业为核心，首先从源头对食用油原料即油料作物的生产进行监控，其次对食用油生产加工过程进行监控，保证食用油产品质量安全，然后对食用油产品进入流通消费领域进行监控，抓住关键节点，环环相扣。为了保证不出现脱节和监控断层现象，实施全程监控也是必要的措施和手段。

1. 实施产前质量监控

主要是对油料作物产品质量进行监控。若要食用油原料的质量安全有保证就要对油料作物的产地环境、生产投入品（种子化肥农药）、油料作物储存、运输等要素质量进行监控。对油料作物产地环境进行监控，要按照国家相关法律法规规定的标准实施监控，确保油料作物产地环境质量。为了保证产地环境不被破坏，产地土壤质量不被下降，要采取一系列的安全监控措施，例如，控制农药的施加量，对高毒高残留农药进行明令禁止；注意油料作物的倒茬轮作；注意监控油料作物产地周边工厂的污染物（废气、废水等）排放情况等。对油料作物生产投入品进行监控，要按照国家农业部、质检总局等食用油安全规制部门制定的一系列有关生产资料的使用规定的要求来进行。通过监控保证油料作物生产中使用的投入品符合食用油质量安全生产要求。对油料作物的储存、运输进行监控就是按照国家农业部、质检总局等职能部门制定的粮食（油料）储存、运输标准细则进行监控，保证油料作物在储存和运输过程中不会发生腐烂、变质、虫害、微生物污染等问题，保证食用油原料质量安全。

2. 实施产中质量监控

主要包括加工工艺标准、食用油生产标准和生产环境监控三个组成部分。实施食用油加工工艺监控，一是要求食用油加工必须按照工艺路线和工艺参数来进行，保证工艺完整，严禁偷工减料；二是要求食用油生产加工必须卫生达标；三是要保证选用的食用油加工工艺能够完整反映食用油食用及使用功效，保证食用油产品性状完好。食用油生产环境监控主要是对食用油生产车间进行监控，包括温度、湿度以及周围环境的洁净度等要素。食用油生产标准监控主要以《新食品安全法》为核心，按照《食用植物油卫生标准》、《食用动物油脂卫生标准》、《食用植物油厂卫生规范》、《大豆油》、《棉籽油》、《葵花籽油》、《油茶籽油》、《玉米油》、《米糠油》等一系列食用油生产标准执行。只有按照食用油生产标准组织生产，才能生产出令人放心的安全产品。

3. 实施产后质量监控

就是对食用油产品的运输环节、贮藏环节以及分销环节进行质量安全监控。对食用油运输、贮藏环节的安全监控要按照 2008 年国家标准《食用植物油销售包装》等相关的食用油质量安全技术规范和标准来执行，保证食用油产品质量安全以及操作环境在运输、贮藏过程中免受污染和损害，有效将影响食用油质量安全的不利因素降到最低。对食用油销售安全进行监控需要食药局总局为主导，农业部、质检总局、卫计委等多部门的通力合作，携手开展食用油监控，构建“从农田到餐桌”、从批发到零售的食用油流通网络，保障食用油消费的质量安全，让消费者吃上放心油、优质油，保护消费者身体健康，促进社会和谐稳定。

4. 实施全程质量监控

食用油质量安全监控体系的实施，除了强调产前、产中和产后监控外，更应该注重监控的连续性和无缝衔接，所以还要实施食用油全程质量监控。食用油是典型的后经验产品，仅凭外观或口感很难区分油脂质量的优劣，针对食用油掺假、造假甚至地沟油现象，用传统的检测方法也很难检测出来，而新型的大型检测设备往往价格十分昂贵，难以普及。劣质食用油造成的危害潜伏期较长，消费者很难做出正确的判断，可是一旦出现问题就会人命关天！针对这一特性，从源头抓起，坚持全程质量监控就变得理所当然。实行食用油全程质量监控，一是要在食用油生产、贮存、运输和销售的全过程开展质量保证体系，建立健全相关法律法规，从根本上消除能够引发质量安全事故的隐患，保证食用油产品质量安全；二是要将安全和质量意识灌输到“从农田到餐桌”的全过程，明确原料生产者、食用油加工者、运输者、销售者、消费者以及职能部门的责任和义务，将食用油质量安全责任落实到实处；三是要与时俱进，采用高科技手段保证食用油全程质量监控落实到实处，例如，大力普及食用油检测高科技设备让食用油造假、贩假无处藏身，借助GPS、GIS、RFID 等高科技手段对各领域执行监督检查，保证全程监控。实现食用油全程质量监控还有很长的路要走，需要我们不断进行探索和实践。

第三节　建立食用油安全溯源体系

溯源本意是逐本溯源，查找事物和问题产生的根源。溯源技术体系可以广泛地应用于食品加工业、养殖业、渔业、医疗行业等各行各业中。欧盟、日本、美国等发达国家溯源技术的应用较为广泛，特别是疯牛病事件发生后，溯源技术在这些国家和地区的食品行业中的应用日臻健全和完善。我国在食品行业溯源技术的应用起步较晚，食用油安全溯源技术还处于理论探讨阶段，鲜有应用于具体实践。目前掌握的资料，见于报端的信息只发现了成都市金牛区对食用油溯源体系建设的调研和探索，金牛区相关职能部门通过追踪食用油品牌、产地、市场占有量、进货渠道与销售走向，物流周转等情况，基于供应链对食用油产品进行技术分析，以批次管理为关键点，细化从产地直到销售各个环节的编码规则，对食用油安全溯源体系建设进行了初步的探索与实践，虽然还不是很完善，但是这是一个开端，是一次有益的尝试。构建食用油安全溯源体系的核心内容是建立健全食用油安全溯源管理系统，使之能够科学有效运行。

一、食用油安全溯源管理系统的内涵和作用

（一）食用油安全溯源管理系统的内涵

食用油安全溯源管理系统是食用油安全溯源体系建设的核心和重中之重。这套系统综合运用数据库、网络、电子标签、条形码、移动互联网以及多媒体终端等多项高科技技术手段，对食用油供应链关键环节的生产信息进行记录和采集并输入到数据库之中，通过运用管理系统的终端设备可以实现不受时间空间约束的溯源查询，便于消费者、政府规制部门等详细了解食用油产品从源头、到生产过程、到运输、到销售以及最终流向的相关信息，可以实现“从餐桌到农田”的全程溯源。

具体的查询操作可以是这样：消费者在超市购买食用油时，可以通过设在超市中的多媒体终端查询系统，扫描或输入产品的追溯码（条形码或电子标签等），或者用手机登录食用油安全溯源管理系统，扫描或输入追溯码就可以查询到某一品牌的某一桶食用油的原料产地、是否是转基因作物、生产加工、包装、贮运、运输、批发、零售、技术检测、

企业资信情况介绍等相关方面的详细信息，从而实现放心购买。另外，一旦出现食用油安全问题，马上在查询系统上输入追溯码，就可以溯源是哪个产品，哪个环节，哪个批次直到哪一桶油出了问题，锁定出现问题的食用油供应链上的关键环节，可以实现快速有效的控制和召回，将损失和损害程度降到最低，切实保护消费者利益，同时有效降低食用油企业的召回成本，对于食用油规制部门来说，查询系统有利于快速发现出现问题的原因，提供处罚依据，有针对性的实施规制和处罚措施，避免扩大化和伤及无辜企业，保证食用油产业良性有序发展。基于供应链的食用油安全追溯流程如图 7－6 所示。

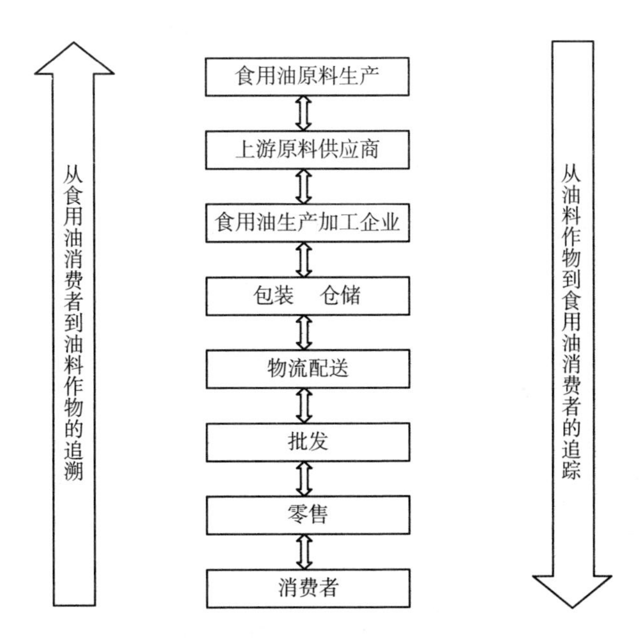

图 7－6　基于供应链的食用油安全追溯流程图

（二）食用油安全溯源系统建设的巨大作用

老百姓的日常生活离不开“柴米油盐酱醋茶”这些生活必需品，食用油更不能例外，加强食用油安全溯源管理系统建设，对于整个溯源体系的构建与完善，维护消费者合法权益、促进社会和谐、促进我国食用油产业竞争力将起到十分巨大的作用。一是有助于食用油供应链相关主体树立责任意识，产生维护企业信誉的危机感、责任感。由于食用油溯源查询系统能够方便准确地查到食用油安全事件的责任主体，可以促进食用油市场的优胜劣汰；二是有助于食用油企业进行危害与控制点分析，降低生产经营风险，降低事故几率，提高企业信誉；三是有助于提高消费者的知情权和购买决策权；四是通过借助全球统一标识管理平台构建食用油溯源查询系统，有助于国家控制进口的食用油原料质量、控制食用油生产成品质量，提升我国食用油产业的国际竞争力；五是通过查询系统建设实现我国食用油标准标识体系与国际接轨，能够增强食用油原料来源和加工过程的可靠性，增进信息传输速度，促进电子数据交换和电子商务的发展，促进全球贸易一体化。

二、食用油安全溯源管理系统的构建

2015 年颁布实施的《食品安全法》并没有从食用油规制部门的角度构建食用油安全溯源系统做出明确规定，仅在该法第三十九条规定："食品生产经营企业应当建立食品追溯管理制度，保证食品可追溯。鼓励和支持食品生产经营企业采用信息化手段实现食品可追溯"。由此可见《食品安全法》的出台并没有很好地解决食品及食用油安全溯源问题，而是将相关任务和责任留给企业，这是很大的漏洞和问题。本书认为，从《食品安全法》规定的各规制部门的职责分工及工作性质，由国家质量监督检验检疫总局为主导、农业部、国家食品药品监督管理总局、卫生及计划生育委员会协同配合构建食品及食用油安全溯源管理体系是很好地选择。

将质检总局及其下级单位作为实施主体能够及时掌握油品的检测数据信息，有利于数据在系统内的传输，有利于及时预警并实施问题油品的召回。但是，为了有效运行食用油安全溯源系统，还要注意质检部门和其他相关部门的协同共建，一方为主，其他方积极配合。另外，要加强食用油溯源标识码的标准化建设。当前，我国食品及食用油多部门分头管理的弊端造成各部门分头建设食品安全追溯系统，建立各自的数据库和查询平台，数据库不统一、不兼容，形成信息孤岛，解决的办法是统一采用“全球统一标识系统”（GSI）进行食品以及食用油安全溯源工作。GSI 在全世界应用十分广泛，包括四个组成部分，一是商品条码的全球数据和应用；二是电子商务通讯的全球标准；三是全球数据同步系统；四是产品电子代码全球标准。GSI 可对食用油企业信息、产品信息、原料来源信息、产地、物流信息等进行自动识别。食用油安全溯源管理系统以追溯码和无线射频识别技术（RFID）为依托，以网络平台和数据库管理为保障，实现对食用油供应链“从农田到餐桌”的全过程管理，方便消费者随时随地查询，在食用油产品发生危害时，快速实现食用油安全预警和召回。①

（一）食用油安全溯源管理系统的技术结构

整个系统的技术层次结构分为数据资源管理、信息采集分析和终端查询服务三个组成部分；包含食用油质量检测和供应链数据采集两个监测节点；包括一个数据中心，即食用油安全监管和供应链数据管理中心。两级节点产生的大量溯源监测数据将存储于数据中心之中。数据中心是系统运行的中心，是系统硬件与应用程序协同运行的中介，是实现整个系统顺畅运行的有力保障。

（二）无线射频技术在食用油安全溯源管理系统中的应用

现在普遍应用的是条形码识别技术（bar code），由反射率相差很大的黑条（简称条）和白条（简称空）排成的平行线图案。条形码可以标出物品的生产国、制造厂家、商品名称、生产日期、图书分类号、邮件起止地点、类别、日期等许多信息，因而在商品流通、图书管理、邮

---

① 陈华：《食用油产品溯源查询系统的建立与应用》，湖南农业大学硕士学位论文，2010 年。

政管理、银行系统等许多领域都得到广泛的应用。[①] 条形码具有技术成熟、使用成本低的特点，但是，只有在阅读器放在条形码标签上才能识别商品编号，并不适用食用油安全溯源管理系统全自动追踪管理功能。条形码标识如图 7－7 所示。

图 7－7 条形码标志图案

资料来源：条形码—条形码图片，百度图片。

无线射频识别技术（radio frequency identification，RFID）与条形码技术相比，其技术优势在于它是自动识别技术，其优点如下：一是不用和商品直接接触就可识别；二是防水、防磁、耐高温；三是使用寿命更长；四是存储的相关数据具有加密、保密功能，存储的容量十分巨大，并且相关数据信息可以随时更改；五是 RFID 技术功能比条形码技术强大很多，可以同一时间自动识别多个目标。食用油产品采用 RFID 电子标签（tag）作为唯一标识号，并贯穿于食用油供应链的所有环节，以

① 《条形码制作及其知识［EB/J］》，载《百度文库》，互联网文档资（http：//wenku. baidu. com/view/582b2c202f60ddccda 38a07b. html），2012 年。

电子标签为媒介将供应链上各节点的数据信息相互关联，可以实现食用油安全溯源管理。RFID 技术构成包括三个部分，第一部分是射频卡（tag）也称为电子标签，由芯片和耦合元件以及内置天线构成，实现与射频天线之间的通信；第二部分是阅读器，用于阅读电子标签的相关信息；第三部分是计算机，对相关数据信息进行管理和分析。RFID 是一套运行科学的系统，其工作步骤如下：（1）阅读器通过天线发射出某一频率的射频信号，射频卡（tag）进入射频信号覆盖的范围就会产生电流感应，从而被激活；（2）被激活的电子标签通过射频卡内置天线发射自身编码信息；（3）系统天线接收信息并传送给阅读器，阅读器对信息进行解码然后传送给后台计算机进行运算处理；（4）计算机通过运算识别该电子标签的合法性，并做出具体的处理和控制指令，再传送给阅读器；（5）执行人或执行机构根据阅读器信息完成指令的具体工作，实现食用油产品安全的追溯管理。详见图 7－8、图 7－9。

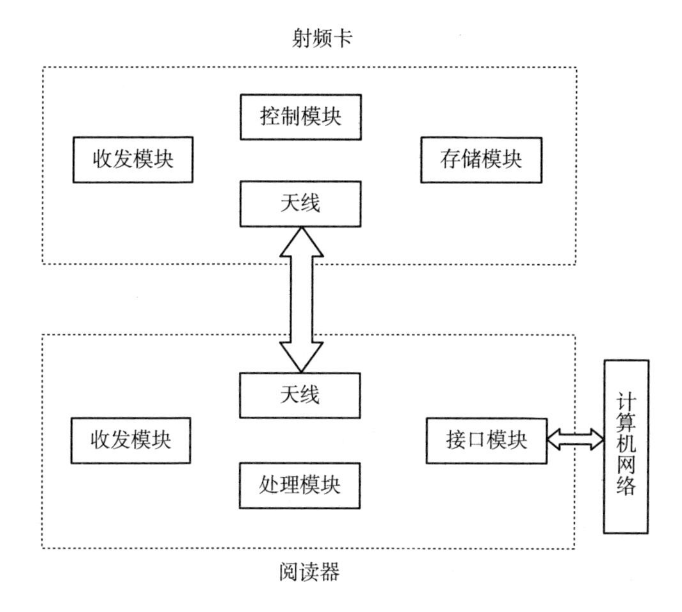

图 7－8　RFID 系统结构图

图 7－9　食用油安全溯源管理系统开发界面

资料来源：郑火国、刘世宏：《粮油产品质量安全可追溯系统构建》，载《中国农业科学》2009 年第 9 期。

（三）食用油安全溯源管理系统的功能分工

有效运行该系统，实现溯源功能，需要各个子系统分工负责、协调合作才能完成。一是食用油数据库中心系统。用于分析食用油分类数据、加工生产单位数据、安全标准数据以及生产管理数据等所有食用油相关数据指标。二是油料作物信息管理系统。用于建立食用油原料来源的基本信息档案，从源头制定电子标签标识。三是食用油生产信息管理系统。用于对食用油加工机器设备、生产工艺、辅助设施、包装、存储等情况的信息管理。已经记录食用油原料阶段信息的射频卡（tag）将按相关范式要求继续输入食用油生产阶段的数据信息，并将食用油原料阶段、生产阶段的相关数据信息依次传递到食用油流通阶段。四是食用油流通环节信息管理系统。通过这个电子标签唯一标识，记载仓储和物流配送及零售环节的信息数据，完成基于食用油供应链的安全信息溯源体系。在物流环节，食用油外包装标签将记录食用油相关信息，通过追溯码和 RFID 就可以获得产品品种、数量、加工地、目的地、仓储地、物流行程、有效期，扫码时货物的具体位置等数据信息，进入超市等流通市场还要记录消费者的消费信息。这样基于整条供应链建立起来的食用油安全详尽信息就和食用油产品紧密的捆绑起来，用户可以随时随地查询这些真实可靠的食用油信息，消费者查询可以实现放心购买，加工生产等企业查询可以直接指导生产实践，规制部门通过溯源系统掌握数据信息可以为食用油召回和预警提供依据。五是食用油质量检验与警示系统。用于记录食用油生产加工企业生产时上传的检测数据和食用油检测监管部门按品种、批次进行的日常检测和抽检数据，并将数据实时更新到食用油溯源系统中心数据库，这些检测同样适用于食用油原料和物流仓储环节。一旦检测出问题，该系统立即启动，第一时间告之食用油企业整改应对，实施产品召回。六是食用油安全溯源信息查询系统。这是一个统一的全方位的食用油安全信息发布和查询的数据共享平台，用于食用油供应链各环节的安全信息查询、检测数据分析、消费者消费意见反馈和发现问题上报等用途。多媒体查询终端可以设在超市、商场等地点，方便消费者查询，也可以通过手机和电脑进入食用油安全溯源管理系统查询，特别是开发智能手机扫描追溯码查询可以实现随时随地的方便查询。通过查询系统可以快速了解食用油供应链各个环节的安全信息，也能实现问题产品的从销售到生产到原料的逆向查询，找出具体问题原因，快速召回问题产品。食用油安全溯源管理系统运行起来具有很多优点，例如，可以实现“从农田到餐桌”的全过程管理，可以进行溯源追踪，可以实现早期预警将食用油安全事件消灭在萌芽状态，可以为食用油规制部门科学决策提供技术支持，可以更好地保护消费者的消费知情权，可以使食用油召回制度变得快速高效等。基于供应链建立食用油安全追溯体系必将是食用油规制发展的必然趋势。食用油安全溯源体系总体框架如图 7 - 10 所示。

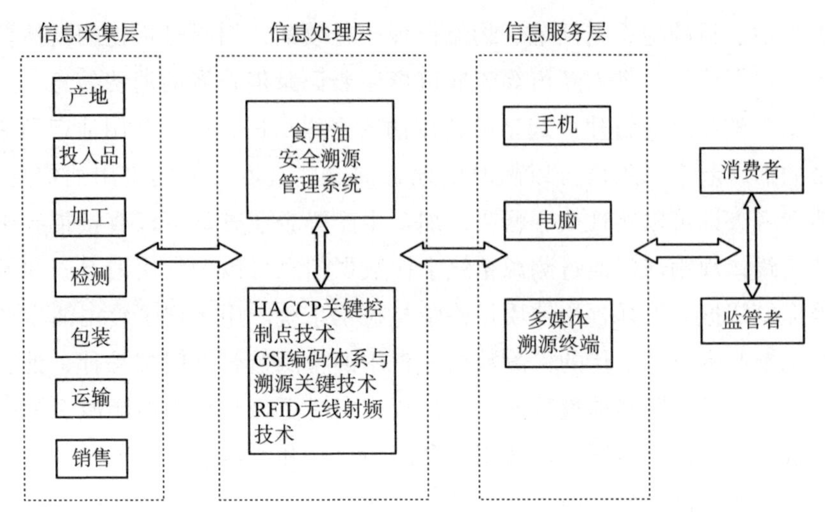

图7－10　食用油安全溯源体系总体框架图

第四节　建立食用油安全信用体系

导致食用油质量安全问题的原因很多，其中食用油生产经营企业信用缺失是其重要因素。为了保证食用油产业健康可持续发展，切实维护消费者权益，建立和完善食用油安全信用体系是当务之急。食用油安全信用体系建设的核心是培养食用油生产经营企业的诚实守信理念、守规践诺的经营行为，这需要设计一系列的制度约束，例如制定制度规范、设计运行系统、完善运行机制、开展信用评比等，通过这些手段褒奖守信，惩戒失信，使食用油生产经营企业沿着良性轨道发展，从整体上提高我国食用油质量安全水平，保障广大消费者的身体健康和生命安全。建立和完善食用油安全信用体系的关键是建立一套能够立足我国实际、可操作性强的食用油安全信用管理系统。

一、食用油安全信用管理系统的内涵及其运行模式

（一）食用油安全信用管理系统的内涵

食用油安全信用可以定义为在整个食用油供应链中，各个生产环节的经营者向消费者提供营养、健康、卫生、环保、安全的食用油产品的可信度。食用油安全信用包括三层含义，首先，食用油生产经营者要向消费者保证生产的食用油在消费时是安全的，不会出现问题；其次，食用油生产经营者在发布信息时是诚实的，可靠的，完整的，不存在欺瞒、虚假信息；最后，食用油安全信用与其他商业信用相比，具有“授信倒置”的特点，消费者是授信方，而食用油的各级生产经营者是受信方。基于食用油安全信用的性质和特征，构建食用油安全信用管理系统，其内涵可以表述为：该系统是在食用油安全信用制度和服务机构健全、食用油安全信息及安全记录完整可靠的基础上开展食用油安全信用评价评级，信用信息披露，形成信用报告，进行失信惩罚以及食用油安全信用风险分析等项活动的信用管理系统。

食用油安全信用管理系统的建设是一个结构复杂、任务艰巨的系统工程。具体表现在以下几个方面，一是要加强食用油安全信用监管体制建设。明确监管主体和监管对象的权利和义务，职责要分明；二是要加强食用油安全信用标准建设。要注意基础信息的统一性，加快食用油生产经营者电子户口档案建设，实现食用油安全信用信息的相互连通，做到资源共享，同时要避免信息系统的重复建设；三是要加强食用油安全信用信息征集制度建设。食用油安全信用信息的征集要有统一和标准的格式和体例，实现征集原则、征集要求、征集内容、征集渠道、征集程序的整齐划一；四是要加强食用油安全信用评价评级和奖惩制度建设。这包括科学的建立或选定食用油安全信用评价机构，保持其独立性，确保机构行使职权的公正性，科学的设定食用油安全信用评价指标、评价方法和评价程序，保证评价结果的公平、公开、公正和真实可靠，根据

评价结果对食用油生产经营者进行信用评级，确定奖惩办法，并进行分级管理；五是要加强食用油安全信用信息披露制度建设。对食用油安全信用信息披露的主体、原则、程序、渠道以及披露强度进行科学的设定。

（二）食用油安全信用管理系统的运行模式

食用油安全信用管理系统的运行可以选择三种模式，一是政府主导模式；二是政府主导、市场推进模式；三是市场主导、政府监督模式。笔者认为在当前社会普遍缺乏诚信观念，食用油生产经营者诚信意识淡漠的情势下，第二种模式是很好的选择。这是因为成为监管主体是政府天然的宿命。市场中的各级食用油生产经营者由于受到利益驱使很难摆脱利益束缚去主动维持市场秩序，无序的市场行为必然导致市场机制失灵。而政府一般具有超经济的强制约束力，同时关注社会整体利益，对经济利益追求动机较小。同时，还要重视市场的推动作用，其原因在于食用油安全信用数据的采集具有相当的难度，仅仅依靠政府是不够的。在食用油生产经营过程中，整个供应链的每个环节都有可能发生危害事件，所以，食用油安全信用管理系统的构建必然要涉及每个环节的生产经营者，那么每个环节的安全信用信息都需要数据采集，工作量很大，这些都由政府机构来完成显然是不现实的，必须依靠市场的力量完成一定的工作量。因此，我国采用政府主导、市场推进模式是比较科学的选择。

政府主导、市场推进模式的食用油安全信用管理系统的运行可以采取分段负责的方式：将整个食用油供应链分为三段，食用油原料生产作为一个子系统，食用油加工、物流作为一个子系统，食用油零售环节作为另一个子系统。由政府负责食用油零售企业的安全信用数据采集和评估工作；食用油零售企业负责食用油加工企业（核心企业）及物流企业的安全信用数据的采集和评估工作；食用油加工企业（核心企业）负责食用油原料生产企业（业户）的安全信用数据的采集和评估工作。形成层层落实责任，供应链下一环节负责上一环节的安全信息数据采集工作的态势。对于食用油零售企业的安全信用数据来说，有两个来源，一是来自政府相关监管机构，一是来自消费者投诉信息，政府在公务网络或媒体上将采集到安全数据信息予以公示，并对食用油零售企业的不法危害行为进行处罚；食用油零售企业在媒体曝光和政府处罚双重重压之下，必然会对上游的物流企业和食用油加工企业施加压力，最好的办法仍是采用食用油安全信用管理系统；同样食用油加工企业（核心企业）在下游零售企业停止采购的经济处罚和政府进行行政处罚以及媒体曝光等多重压力之下必然会对上游的食用油原料生产商（业户）严加要求，建立食用油安全信用管理系统。这样政府的食用油安全信息数据采集的工作量就减小了，而且使这套食用油质量安全信用管理系统具有很强的操作性。图 7－11 为政府主导、市场推进的食用油安全信用管理系统运行模式。

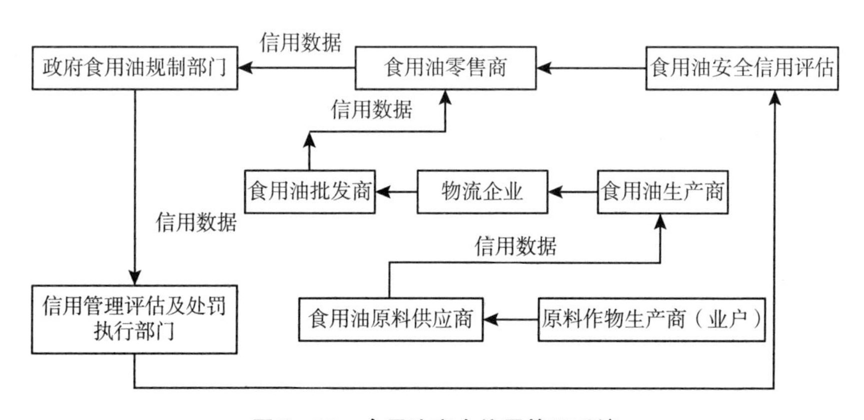

图 7－11　食用油安全信用管理系统

政府主导、市场推进的食用油安全信用管理系统运行模式具有很多优点：一是能够有效维护食用油市场流通秩序；二是能够有效降低食用油供应链上下游企业的交易成本；三是能够有效地促进食用油企业实施食用油安全生产保障措施，降低风险，减少危害。

二、食用油安全信用管理系统的构建

2015 年新修订的《中华人民共和国食品安全法》第九十八条规定

“县级以上食品安全监督管理部门应当建立食品生产经营者食品安全信用档案，根据食品安全信用档案的记录，对有不良信用记录的食品生产经营者增加监督检查频次”，从而明确了各级食品药品监督管理部门在构建食品及食用油安全信用管理系统的主体责任，当然也离不开农业部门和质检部门的通力配合。

在食用油供应链环境下构建安全信用管理系统涉及诸多交易主体，例如食用油原料生产商（业户）、食用油加工核心企业、物流企业、食用油批发商、零售商以及油料作物种子提供商、化肥农药提供商、食用油加工设备提供商、厂房建筑商、食用油添加剂提供商、食用油包装材料提供商等，食用油品质好坏、质量安全与否是由这些关联主体提供的产品质量共同来决定，一个环节出现失信行为就会对整个食用油供应链的安全性产生影响。因此，食用油质量安全信用管理系统的构建必须依靠食用油供应链上各关联主体共同努力才能实现，必须通过所有关联主体的守信行为来保障实施。

（一）食用油安全信用管理系统的构建原则

食用油安全信用管理系统实际上就是以信息技术为依托建立起来的食用油安全信用公共信息平台，在这个平台上进行食用油安全信息管理、信用信息采集、发布、评价、评级，风险评估等项信用活动。作为公共信息平台，食用油安全信用管理系统的构建必须符合客观性、系统性、服务性和可操作性原则。一是客观性原则，这是首要原则。要求采集的信用数据真实可靠，系统具有能够有效记录和维护相关信用信息，准确进行信用信息的评价、评级，保证向用户提供信用信息的及时性、准确性，使消费者具有广泛的知情权和高度的选择权，为政府职能部门决策及时提供食用油安全信用信息的相关实时数据和历史数据。二是系统性原则。随着我国食用油产业的发展，其供给体系越来越呈现多元化、复杂化和国际化的特点，涉及的关联主体越来越多，供应链上每个节点出现问题都会导致食用油安全事件的发生。食用油供应链上各个节点、相关主体与食用油安全信用管理系统的构建具有高度相关性。因此，在构建系统时必须坚持系统性的设计原则，综合考虑节点因素、制度因素和技术因素。三是服务性原则。食用油安全信用管理系统是开放性的公共信息平台，是为全社会服务的，其服务对象既包括消费者、食用油供应链各个环节上的相关主体也包括政府部门、社会中介组织和媒体，要避免信息不对称，保证信息共享，因此，必须坚持服务性原则；四是可操作性原则。食用油安全信用管理系统的构建要方便快捷，一目了然，没有技术障碍，适合各种水平的相关主体，特别是广大消费者使用，因此必须坚持可操作性原则。

（二）食用油安全信用管理系统构建的基本框架

食用油安全信用管理系统应该由食品药品监督管理部门建立并由食用油安全信用管理机构来具体负责监管维护，提供公共信息数据平台，统一口径，对各类信用数据进行标准化管理，促进用户群体安全信用信息的传递与交流。根据食用油安全信用管理系统的构建原则，综合考虑食用油供应链各节点相关主体众多，空间、地点较为分散，满足各个方面对系统功能的不同需求、系统运行经济成本以及方便升级维护等诸多因素，食用油安全信用管理系统构建的基本框架应该包括网络层、数据层和应用层三个层次。如图 7 - 12 所示。

1. 网络层

这是该系统的物理性基础，包括计算机硬件设备、网络设备以及各种系统软件和应用软件等。网络层的构建要具有操作性能好、维护升级方便的特点，要能够满足地理空间分散、众多用户同时访问的实际需要。要注意食用油安全信用系统网络建设的统一性，要整合食用油规制各个部门共同建设一套系统，避免各自为政，重复建设。

2. 数据层

主要包括模型库、数据库以及对话管理系统三个组成部分，直接为食用油安全信用管理系统的具体应用提供数据服务。模型库子系统用于存放和维护食用油安全信用管理系统的各类单元模型、评价标准和评价指标。数据库子系统的构成包括数据字典、物理数据库和数据库管理模

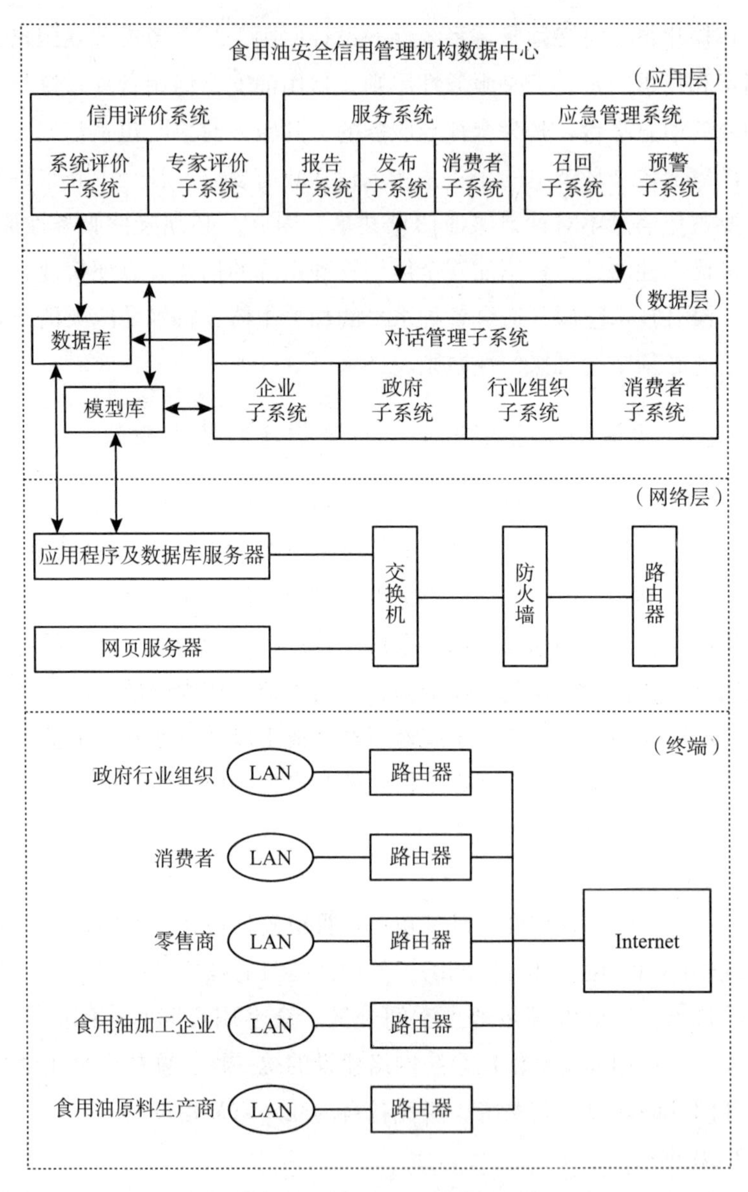

图 7－12　食用油安全信用管理框架

块。其中，数据字典的功能是对数据库中的各类数据的属性和相互关系进行维护和描述。物理数据库主要用于对采集的数据在物理介质上进行存储。数据库管理模块是数据管理程序软件，用于和其他子系统交互链接。对话管理子系统是食用油安全信用管理系统的人机对话接口，根据政府规制部门、食用油生产经营企业、消费者以及行业组织等不同用户群分别设定相应的子系统用于输入食用油安全基本信用信息、对食用油安全信用信息查询请求进行数据库操作，向用户传送操作结果，并对用户提供相关决策支持。对话管理子系统在食用油安全信用数据的收集、整理和更新中发挥着主渠道作用。数据层为应用层的数据加工提供服务，是食用油安全信用管理系统的数据基础，直接关系到管理系统应用性能的好坏优劣。因此，数据采集和更新的及时、准确、可靠、完整是重中之重，是保证食用油安全信用管理系统顺利运行的关键所在。但是，从现实情况来看，食用油安全信用信息纷繁复杂，线多面广，信用信息数据采集面临诸多困难，食用油供应链上各相关主体往往在提供安全信息上具有很强的惰性，消费者的维权意识较为淡薄，政府和社会组织有时也缺乏工作的主动性，这就要求食用油规制部门科学设计激励约束机制，增强各方面提供食用油安全信用信息数据的自觉性和主动性。

3. 应用层

在网络层和数据层的基础上，应用层对食用油安全信息数据进行整理、加工并提供给用户群使用。应用层包括信用评价、服务和应急管理三个子系统。信用评价子系统以食用油信用管理评价办法和相关指标为基准，在数据库中提取食用油安全信用信息相关数据进行整理加工，对食用油生产经营企业的安全信用等级进行系统评估，并将评出的食用油企业安全信用等级信息提供给食用油安全规制部门以供决策使用，同时将评级信息向广大消费者发布。信用评价子系统包括系统评价和专家评价两个组成部分。系统评价主要是通过软件对食用油安全信用信息数据进行运算，进而得出食用油安全信用等级评价结果，这是一种纯理论性的评价办法，具有一定的局限性。如果要得到更加科学准确的信用评价结果还需要专家的参与。信用评价子系统的顺利运行需要系统评价和专家评价共同完成，二者相辅相成，互为补充。服务子系统包括报告、发布和消费者三个更小的子系统。一旦发现重大食用油安全事件或隐患，报告子系统快速启动，向食品药品监督管理部门和卫生部门报告，以供政府决策，并向社会公众进行公示。发布子系统负责食用油安全相关信息的发布工作，主要包括食用油产品信息、食用油生产经营企业信息、食用油企业安全信用等级评级信息、食用油安全技术信息、食用油安全常识、食用油安全预警、召回信息以及对问题食用油产品和问题食用油生产经营企业进行公开披露等。消费者子系统为消费者提供了一个信息浏览和交互平台，消费者通过该系统可以查阅食用油安全相关信息，详细了解食用油产品及企业的具体情况，及时快速获得食用油安全预警和召回信息，可以通过销售终端查询食用油和产品信息，为购买决策提供参考，也可通过该系统上报发现的食用油安全问题，并及时获得反馈信息等。应急管理子系统是食用油安全危机处理的公共平台，是突发重大食用油安全事件时，及时发布召回和预警信息，对事件进行紧急应对处理的一套系统，这是食用油安全信用管理系统面向公众进行应急管理的一个重要平台和窗口，对于及时披露信息，公布处理结果、妥善安抚消费者，促进社会稳定将起到重大作用。建设食用油安全信用管理系统的工作任务十分艰巨，需要各方形成合力，在实际运行中既要加强技术系统建设，又要加强食用油安全信用标准体系建设、法律法规体系建设和评价指标体系建设，形成完善的食用油安全信用管理体制。

参考文献

[1] 爱德华·L.、格莱泽、安德烈·施莱弗：《规制型政府的崛起》，中信出版社2002年版，第69~91页。

[2] 安东尼·奥格斯：《规制：法律形式与经济学理论》，骆梅英译，中国人民大学出版社2008年版。

[3] 奥利弗·E·威廉姆森：《资本主义经济制度——论企业与市场签约》，商务印书馆2002年版，第23~27页。

[4] 鲍德威·威迪逊：《公共部门经济学》，中国人民大学出版社2000年版，第91~110页。

[5] 边红彪：《日本食品法律法规体系框架研究》，载《食品安全质量检测学报》2011年第2期，第170~173页。

[6] 布雷耶：《规制及其改革》，李红雷、宋华琳、苏苗罕、钟瑞华译，北京大学出版社2008年版。

[7] 陈秉恒、钟涨宝：《基于物联网的农产品供应链安全监管问题研究》，载《华中农业大学学报（社会科学版）》2013年第4期，第49~55页。

[8] 陈晨：《中国食用油产业的国际地位及进口安全研究》，浙江大学硕士学位论文，2011年。

[9] 陈康裕：《政府监管与消费者监督对乳制品供应链食品安全的影响分析》，广东工业大学硕士学位论文，2012年。

[10] 陈晓燕：《建设中国特色的食品安全监管体系研究》，华侨大学博士学位论文，2014年。

[11] 戴维·M·克雷普斯：《博弈论与经济模型》[M]. 商务印书

馆2006年版，第18页。

［12］丹尼尔·F·史普博：《管制与市场》，上海人民出版社1999年版，第78～218页。

［13］丁冰：《评西方规制经济学的变迁》，载《经济理论与经济管理》2006年第4期，第80页。

［14］方刚、唐宁、张边江：《转基因大豆对我国食用油产业链的影响》，载《湖北农业科学》2012年第4期，第649～651页。

［15］菲利普·希尔茨：《保护公众健康：美国食品药品百年监管历程》，姚明威译，中国水利电力出版社2005年版。

［16］冯利辉：《食用植物油掺伪检测与定量分析的近红外光谱法研究》，南昌大学硕士学位论文，2010年。

［17］付宝森：《中国乳制品安全规制研究》，辽宁大学博士学位论文，2011年。

［18］高鸿业：《西方经济学（微观部分）》，中国人民大学出版社，2006年。

［19］高扬：《地沟油制备生物柴油的研究》，东北大学硕士学位论文，2008年。

［20］国家食品药品监督管理总局网站：http：//www.sda.gov.cn/WS01/CL0001/。

［21］国家质量监督检验检疫总局网站：http：//www.aqsiq.gov.cn/。

［22］国务院：《国务院关于加强食品等产品安全监督管理的特别规定》，中国法制出版社2007年版。

［23］何立胜、孙中叶：《食品安全规制模式：国外的实践与中国的选择》，载《河南师范大学学报（哲学社会科学版）》2009年第4期，第71～74页。

［24］何伟：《基于引力模型的中国食用油籽贸易影响因素及贸易潜力研究》，中国农业科学院博士学位论文，2011年。

［25］黄德春：《规制经济学研究理论述评》，载《广西社会科学》2006年第6期，第35～38页。

[26] 吉帕·维斯库斯：《反垄断与管制经济学》，机械工业出版2004年版，第364~442页。

[27] 李丽、王传斌：《规制效果与我国食品安全规制制度创新》，载《中国卫生事业管理》2009年第5期，第326~327页。

[28] 廉恩臣：《欧盟食品安全法律体系评析》，载《经营与管理》2009年版，第308~314页。

[29] 梁秋桦：《清远市食用油质量安全的政府监管研究》，华南理工大学硕士学位论文，2014年。

[30] 刘畅：《从警察权介入的实体法规制转向自主规制——日本食品安全规制改革及启示》，载《求索》2010年第2期，第126~128页。

[31] 刘畅：《风险社会下我国食品安全规制的困境与完善对策》，载《东北师大学报（哲学社会科学版）》2012年第4期，第21~24页。

[32] 刘畅：《基于风险社会理论的我国食品安全规制模式之构建》，载《求索》2012年第1期，第149~151页。

[33] 刘俊敏：《美国的食品安全保障体系及其经验启示》，载《理论探索》2008年第6期，第133~136页。

[34] 刘宁：《我国食品安全社会规制的经济学分析》，载《工业技术经济》2006年第3期，第132~134页。

[35] 刘晔明、傅贤智、周惠明：《实施绿色供应链管理，提升我国食用油产业竞争优势》，载《中国油脂》2011年第36期，第1~4页。

[36] 罗伯特·考特、托马斯·尤伦：《法和经济学》，上海人民出版社1999版，第174~274页。

[37] 马云泽：《规制经济学》，经济管理出版社2008年版。

[38] 马云泽：《规制经济学研究范式的动态演进》，载《科技进步与对策》2009年第26期，第4~8页。

[39] 毛丽君、孙志胜：《食用油市场消费者购买行为实证研究》，载《德州学院学报》2013年第2期，第9~18页。

[40] 蒙少东：《浅谈我国食品供应链的瓶颈制约与因应对策》，载《商业研究》2007年第12期，第80~82页。

[41] 欧盟委员会:《欧盟食品安全白皮书》,中国商务出版社2000年版。

[42] 齐文浩:《中国食品安全规制主体行为与规制有效性研究》,吉林大学博士学位论文,2015年。

[43] 秦利:《基于制度安排的中国食品安全治理研究》,东北林业大学博士学位论文,2011年。

[44] 青木昌彦:《比较制度分析》,上海远东出版社2001年版,第264~352页。

[45] 曲振涛、杨凯钧:《规制经济学》,复旦大学出版社2005年版。

[46] 全国法工委编著:《中华人民共和国食品安全法释义及实用指南》,民主法制出版社2012年版。

[47] 让·雅克·拉丰:《规制与发展》,中国人民大学出版社2009年版。

[48] 施蒂格勒:《产业组织和政府管制》,上海三联书店1996年版,第39~51页。

[49] 施亚能:《基于多Agent食品安全政府监管模型与仿真》,武汉理工大学硕士学位论文,2011年。

[50] 史蒂芬. 布雷耶:《规制及其改革》,北京大学出版社2008年版。

[51] 斯蒂芬布·雷耶尔、保罗·W·迈卡沃伊:《管制与放松管制》,经济科学出版社1992年版,第68~91页。

[52] 宋大维:《中外食品安全监管的比较研究》,中国人民大学硕士学位论文,2008年。

[53] 孙华:《论日本食品安全规制中的登记检查机关制度》,载《西部经济管理论坛》2011年第22期,第52~55页。

[54] 孙小涵:《我国食品安全规制的效率评价研究》,山东师范大学硕士学位论文,2015年。

[55] 锁放:《论中国食品安全监管制度的完善——以比较法为视角》,安徽大学博士学位论文,2011年。

[56] 滕月:《发达国家食品安全规制风险分析及对我国的启示》,载《哈尔滨商业大学学报(社会科学版)》2008 年第 5 期,第 55 ~ 57 页。

[57] 涂永前、徐静:《论我国食品安全规制的路径选择》,载《法学评论》2012 年第 3 期,第 95 ~ 101 页。

[58] 万睿、卢山冰、吴航:《三鹿事件引发对我国食品安全规制的思考》,载《生产力研究》2010 年第 5 期,第 163 ~ 183 页。

[59] 汪晓辉:《食品质量安全的标准规制与产品责任制》,浙江大学博士学位论文,2014 年。

[60] 王贝贝:《"地沟油"事件的成因分析以及法律对策》,山东大学硕士学位论文,2012 年。

[61] 王彩霞:《地方政府扰动下的中国食品安全规制问题研究》,东北财经大学博士学位论文,2011 年。

[62] 王虎、李长健:《利益多元化语境下的食品安全规制研究——以利益博弈为视角》,载《中国农业大学学报(社会科学版)》2008 年第 9 期,第 144 ~ 153 页。

[63] 王俊豪:《政府管制导论——基本理论及其在政府管制实践中的应用》,商务印书馆 2003 年版,第 59 ~ 71 页。

[64] 王俊豪:《中国政府管制体制改革研究》,经济科学出版社 1999 年版,第 61 ~ 96 页。

[65] 王龙:《食用植物调和油质量安全及监督管理对策研究》,湖南农业大学硕士学位论文,2010 年。

[66] 王瑞元、李子明、谷克仁等:《中国油脂科学技术学科现状与发展》,载《中国油脂》2009 年第 2 期,第 1 ~ 6 页。

[67] 王瑞元:《2009 年我国食用植物油加工业的基本状况和应关注的几个问题》,载《中国油脂》2010 年第 9 期,第 1 ~ 5 页。

[68] 王瑞元:《2007 年的中国油脂工业及油脂市场》,载《中国油脂》2008 年第 5 期,第 1 ~ 3 页。

[69] 王瑞元:《充分利用米糠、玉米胚芽资源,为国家增产油脂》,载《中国油脂》2009 年第 6 期,第 3 ~ 5 页。

[70] 王瑞元：《对国家发展食用植物油产业政策的几点学习体会》，载《中国油脂》2009年第10期，第1~4页。

[71] 王瑞元：《国内外食用油市场的现状与发展趋势》，载《中国油脂》2011年第6期，第1~6页。

[72] 王瑞元：《加快进程科学制修订好食用油国家标准》，载《粮食与食品工业》2012年第5期，第1~4页。

[73] 王瑞元：《食用油安全新思路：深挖被浪费的资源》，载《粮油市场报》2013年1月12日。

[74] 王瑞元：《我国粮油加工业的发展趋势——在2014中国粮食加工产业升级企业家和专家学者峰会暨粮食机械与粮食深加工新产品展示会上的发言》，载《粮油加工》2014年第5期，第1~4页。

[75] 王瑞元：《中国植物油产业现状》，载《中国油脂化工》2012年第2期，第36~39页。

[76] 王延耀：《废食用油的燃料化机理及其燃烧性能的研究》，中国农业大学博士学位论文，2004年。

[77] 王毅：《近红外光谱分析技术在食用植物油品质检测中的应用》，江苏大学硕士学位论文，2010年。

[78] 王玉娟：《美国食品安全法律体系和监管体系》，载《经营与管理》2010年第6期，第57~58页。

[79] 吴琼：《基于博弈分析的食品安全规制研究》，苏州大学硕士学位论文，2010年。

[80] 吴盛光：《西方政府规制经济学研究范式述评》，载《上海行政学院学报》2009年第10期，第100~106页。

[81] 吴振球：《政府经济规制理论研究》，湖北人民出版社2010年版。

[82] 肖静：《基于供应链的食品安全保障研究》，吉林大学博士学位论文，2009年。

[83] 谢地：《规制下的和谐社会》，经济科学出版社2008年版。

[84] 谢地：《政府规制经济学》，吉林大学出版社2003年版，第

78~91页。

[85] 徐海滨：《我国油料产业国际竞争力分析——以大豆、油菜籽、花生为例》，江南大学硕士学位论文，2008年。

[86] 徐嘉敏：《人民网和中时电子报对大统食用油事件报道之对比研究》，广西大学硕士学位论文，2014年。

[87] 徐姝：《论食品安全规制的发展趋势及对食品贸易的双重影响》，载《经济研究导刊》2008年第8期，第171~172页。

[88] 许启金：《食品安全供应链中核心企业的策略与激励机制研究》，浙江工商大学博士学位论文，2010年。

[89] 杨崑：《信息不对称下的餐饮企业食用油安全制度建设研究》，武汉工业大学硕士学位论文，2012年。

[90] 叶娇、杨秉翰：《基于销售网视角的食品安全规制研究》，载《东北财经大学学报》2007年第6期，第11~13页。

[91] 于立、唐要家等：《产业组织与政府规制》，东北财经大学出版社2009年版。

[92] 袁帅：《我国油料油籽对外依存度既对粮食安全影响研究》，武汉工业学院硕士学位论文，2011年。

[93] 张锋：《借鉴与启示：对发达国家食品安全规制模式的考察》，载《天府新论》2012年第2期，第100~104页。

[94] 张锋：《社会权力视域下我国食品安全规制的路径创新》，载《延边大学学报（社会科学版）》2012年第3期，第88~92页。

[95] 张红凤、周峰：《从食品安全规制看“三鹿奶粉”事件》，载《理论探讨》2008年第6期，第145~147页。

[96] 张红凤：《西方规制经济学的变迁》，经济科学出版社2005年版。

[97] 张丽、杜子平、慕静：《我国食品供应链中的风险分析及对策研究》，载《第四届国际食品安全高峰论坛》2011年，第175~178页。

[98] 张昕：《中国大豆产业安全研究》，山东大学博士学位论文，2010年。

[99] 赵丽佳：《中国植物油产品的进口贸易研究》，华中农业大学博士学位论文，2009 年。

[100] 赵宗绪、李奇：《对日本食品安全规制的思考》，载《科技资讯》2011 年第 16 期，第 242 页。

[101] 植草益：《微观规制经济学（中译本）》，中国发展出版社 1992 年版，第 61 ~ 88 页。

[102] 中华人民共和国全国人民代表大会：《中华人民共和国标准化法》，1988 年。

[103] 中华人民共和国消费者权益保护法：《产品质量与食品安全政策法规宝典》，中国法制出版社 2008 年版。

[104] 周峰：《基于食品安全的政府规制与农户生产行为研究》，南京农业大学博士学位论文，2008 年。

[105] 周慧、许长新：《新规制经济学理论的发展》，载《经济评论》2006 年第 2 期，第 152 ~ 158 页。

[106] 周家庆：《中外食品安全法律制度比较》，大连海事大学硕士学位论文，2010 年。

[107] 周小梅、陈丽萍、兰萍等：《食品安全管制长效机制——经济分析与经验借鉴》，中国经济出版社 2011 年版。

[108] Adrie J. Food safety and transparency in food chains and networks: Relation-ships and challenges [J]. Food Control, 2005 (16): 481 - 486.

[109] Akerlof G A. The Market for - Lemons. Quality Uncertainty and the Market Mechanism. The Quarterly Journal of Economics, 2009 (3): 488 - 500.

[110] Alan Reilly. Defining the responsibilities and tasks of different take holders with in the framework of national strategy for food control. Second FAO/Who global forum of food safety regulators. Bangkok, Thailand, 2004, 10: 12 - 14.

[111] Arrow · K · J, Benefits-cost analysis in environmental health and safety regulation: a statement of principles [M]. Washington D. C. the

AEI Press, 2006: 31.

[112] Bo – Hyun Cho, Neal H. Hooker . Comparing food safety standard [J]. Food Control. 2008 (01): 10 – 18.

[113] Cachon G P, Lariviere M A. Supply chain coordination with revenue-sharing contracts: strength limitations. Management Science [J]. 2005, 51 (1): 30 – 44.

[114] Caswell, J. , Bradawl , M. &Hooker , N. , How quality management systems are affecting the food industry. [M]. Rev. Agric . Econ, 2002: 547 – 557.

[115] Charlotte Yapp, Robyn Fairman. Factors affecting food safety compliance with in small and medium-sized enterprises: implications for regulatory and enforcement strategies [J]. Food Control, 2006, 17: 42 – 51.

[116] ChengFang and John C. Beghin. "Urban Demand For Edible Oils and Fats in China: Evidence From Household Survey Data" [J]. Center for Agricultural and Rural Development, Iowa State University, August 2000.

[117] Christophe Charlier, Egizio Valceschini. Coordination for traceability in the food chain: A critical appraisal of European regulation [J]. 2007 (12): 13 – 28.

[118] Christopher S. Tang. Perspectives in supply chain risk management [J]. International Journal of Productions Economics, 2006, 103: 451 – 488.

[119] Claire Moxham. Food Supply Chain Management [J]. International Journal of Operations & Production Management, 2004, 24 (10): 1079 – 1085.

[120] Dimitris F, loannis M, Basil M. Traceability data management for food chains [J]. British Food Journal, 2006, 108 (8): 622 – 633.

[121] Emilie H. Leibovitch. Food Satety Regulation in the European Union: Toward an Unavoidable Centralization of Regulatory Powers [J].

Texas International Law Journal, summer, 2008.

[122] Faekler P L and Tastan H. Estimating the Degree of Market Integration [J]. American journal of Agriculture Economics, 2008 (2): 69 - 85.

[123] Garcia Martinez, M. , P. Verbruggen, A. Feame. Risk-based approaches to food safety regulation: what role for co-regulation? [J]. Journal of Risk Research, 2013, (ahead-of-print), 1 - 21.

[124] Garella, P. & Petrakis, E. Minimum quality standards and consumers' information [J]. Economic Theory, 2008, 36 (2): 283 - 302.

[125] Geoffrey podger. Reinventing food safety regulation [J]. Consumer Policy Review. 2005 (07): 4 - 8.

[126] Henson S, Hook, NH . Private Sector Management of Food Safety : Public regulation and the Role of Private Controls [J]. The International Food and Agribusiness Management Review, 2001, 4 (1): 7 - 17.

[127] Henson S. &Caswell J. , Food safety regulation: an overview of contemporary issues [J]. Food Policy, 2007 F 31 (5): 47 - 51.

[128] Hsu SH, Lee CC, Wu MC, et al. A cross-cultural study of organizational factors on safty: Japanese vs. Taiwanese oil refinery plants [J]. Accid Anal Prev, 2008, 40: 24 - 34.

[129] Hu L Z, Toyoda K, Ihara I. Discrimination of olive oil adulterated with vegetable oils using dielectric spectroscopy [J]. Journal of Food Engineering, 2010, 96 (2): 167 - 171.

[130] James Chyau. Casting a Global Safety Net - A Framework for Food Safety in the Age of Globalization [J]. Food and Drug Law Journal, 2009, 313.

[131] Judith M. Whipple. Supply chain security practices in the food industry: Do firms operating globally and domestically differ? [J]. International Journal of Physical Distribution & Logistics, 2009, 39 (7): 574 - 595.

[132] Justine Hinderliter. From Farm to Table: How This Little Piggy

Was Dragged Through the Market [J]. University of San Francisco of Law Review, Spring, 2006.

[133] Leon G. M. Gores. Food safety objective: An integral part of food chain management [J]. Food control, 2005 (16): 801 -812.

[134] Lyon, T. P. The political economy of regulation [J]. International Journal of Regulation and Governance, 2007, 7 (2): 201 -206.

[135] Mazzocchi, M., M. Ragona, A. Zanoli. A fuzzy multi-criteria approach for theex-ante impact assessment of food safety policies [J]. Food Policy, 2013, (38): 177 -189.

[136] Napel, S. &oldehaver, G. A dynamic perspective on minimum quality standards under Coumot competition [J]. Journal of Regulatory Economics, 2011, 39 (1): 29 -49.

[137] Oilseeds: World Markets and Trade [M]. U. S Department of Agriculture, 2006.

[138] Ollinger, M. &Moore, D. The direct and indirect costs of food-safety regulation [J]. Review of Agricultural Economics, 2009, 31 (2): 247 -265.

[139] Ragona, M., M. Mazzocchi. Food safety regulation, economic impact assessment and quantitative methods [J] Innovation: The European Journal of Social Science Research, 2008, 21 (2): 145 -158.

[140] Sara Mortimore . How to make HACCP really work in practice [J]. Food Control, 2001 (12): 209 -215.

[141] Stigler. George J. The Theory of Economic Regulation, The Bell Journal of Economics and Management Science. 2011 (1): 3 -21.

[142] Sunil Chopra, Peter Meindl, Supply chain management: Strategy , Planning, and Operation, 2008.

[143] US Food and Drug Administration (FDA). 2003. Guidance for Industry: Food Producers, Processors, and Transporters: Food Security Preventive Measures Guidance.

[144] Vachon S, Klassen R D. Extending green practices across the supply chain: The impact of upstream and downstream integration. International Journal of Operations & Produetion Management, 2006, 26 (7): 795 - 821.

[145] Van Asselt E D, Meuwissen M P M. Selection of critical factors for identifying emerging food safety risks in dynamic food production chains [J]. Food Control, 2010 (21): 919 - 926.

后　　记

本书是在博士论文的基础上增加、修改而成的。当年攻读博士学位、撰写博士论文的场景依然历历在目——2008 年我的博士生导师栾福茂教授把我带入攻读博士的神圣殿堂，我的每一步成长、一点一滴的进步都离不开栾福茂教授的辛勤培育，在老师的身上学到很多，豁达的人生态度、睿智的思想、严谨的治学理念、渊博的学识使我受益终身，这份感激之情永远铭记在心。

在这里我还要感谢林木西教授、李华教授、马树才教授、谢地教授、张桂文教授、于金富教授、和军教授，论文的顺利完成离不开他们的悉心指导和无私帮助。

在这里我还要特别感谢王伟光教授、宋君卿副教授、关宇副教授、张绍成副教授、韩世迁副教授、王立梅同学、刘芙辰同学，等等。感谢他们在文章思路调整、高端资料搜集等方面给予的支持和帮助，是他们的鼓励给了我克服困难完成论文的信心和决心。

在这里我还要感谢我的同事们，是他们的理解和工作上的分担，使我在撰写、修订论文期间能够从繁忙的工作中抽出宝贵时间。

在这里我还要感谢我的家人，是他们的理解和支持给了我完成博士学业的动力。

回顾博士学习的 7 年时光，感慨万千，6 个寒暑假期躲进辽大崇山校区办公室，早出晚归，中午挤学生食堂，夏季的炎热、冬日的酷寒都给我留下永远难忘的记忆。也使我更加坚定“有志者事竟成、一分耕耘一分收获”的人生之道，这是我攻读博士学位的另一大收获。

著作的完成只是研究的开始，我将在这一领域继续开展深入研究，以更好的成果回报所有支持和关心我的老师和朋友！

李忠远

2017 年 5 月